QUADRILLE NISHIDA

ブラジャーで勲章をもらった男

西田清美

SHUEISHA

ブラジャーで勲章をもらった男

西田清美

集英社

構成　田渕由美子
撮影　コーダマサヒロ
　　　豊田 都（下着）
装幀　阿部美樹子
挿画　はっとり・よしを
年表作成　金田克博
撮影協力　イノダコーヒ本店

はじめに

あなた（奥さまや彼女）はクローゼットの中に何枚のブラジャーをお持ちでしょうか？

五枚？　十枚？　もっとありますか？

それらはバストにぴったり合っていますか？

窮屈で締めつけられるような感じはありませんか？

カップの脇からお肉がはみ出したり、ストラップがしょっちゅうずり落ちてストレスを感じていませんか？

腕を上げるとアンダーも一緒に上がってしまうので、トイレに行くたびにこっそり引っぱり下ろしたりしてはいないでしょうか？

毎日着けるブラジャーなのに、ちっとも快適じゃない。家に帰りついたら真っ先にはずしたいのがブラジャー。そんな女性は多いはずです。

それは間違ったブラジャーを着けている、もしくはサイズが合わないなど、身体にフィットしていないものを着けているからです。

身体に合った良いブラジャーは締めつけられているという感じがなく、それでいながら肌にぴったりとより添ってバストを支え、ずれることなくどんな動きにもついてきてくれます。

女性の胸の形は人それぞれ。大きい人もいれば小さい人もいて、それぞれに垂れていたり、広がっていたり、お椀形だったり、釣り鐘形だったりします。千人いれば千通りのバストがあるわけです。

さらに、柔らかなバストはじっと同じ形ではいてくれません。手を上げたり、回したり、身体を捻ったりしてみてください。バストが身体の動きにつれて変形するのがおわかりでしょう。千差万別のバストラインを美しく整えながら、動きにも対応させ、なおかつ前述のようなブラジャーを巡るストレスから女性を解放するということは、実は非常な難題なのです。

この本はその難題に挑み、「日本で一番のブラジャーを作ろう」と奔走した西田清美という男性のお話です。

彼は若き日、戦後草創期のワコールで働く中でブラジャーに出会い、その後の紆余曲折を経て三十八歳で「カドリールニシダ」という下着会社を興します。

カドリールニシダは、ワコール、トリンプに次ぐ百貨店売上三位のブランドを有する下着会社ですが、社名をご存知の女性はあまりいらっしゃらないかもしれません。それはここが創業以来長らく「ＯＥＭ」（Original Equipment Manufacturing）という業態で仕事をしていたからです。

ＯＥＭとはブランドメーカーからの依頼を受けて商品を企画開発製造するというもので、出来上がった商品は依頼先のブランド名で売り出されるため、カドリールニシダの名前は表に出ません。残念なことにタグにも打たれませんが、縁の下の力持ちとしてカドリールニシダのようなＯＥＭメーカーが作る商品は、国内外を問わず、百貨店・量販店・下着専門店・通販・ウェブショップ等の販路で、いろいろなブランド名で皆さんのお手元に届いているはずです。

言ってみれば縁の下の力持ちの時代が長かったカドリールニシダですが、最近では独自ブランドとして百貨店でヨーロッパティストの「ランジェリーク」を展開。その他、「キッドブルー」「セモア」「セモアブライダル」「ツインクロス」など、ＯＥＭ事業から進展した自社製品の数々を皆さまに提供するようにもなりました。

長年の女性下着事業への功労が評価され、西田清美は平成二十三年の秋の叙勲で藍綬褒章を受章しました。

この本は八十四歳になる西田の半生と、カドリールニシダの半世紀をまとめたものですが、実は、「ブラジャーについての正しい知識」を女性に知っていただくための本でもあります。

帰宅したら真っ先に脱ぎ捨てたいなんてとんでもない。本当に身体に合った良いブラジャーは、着けていてとても楽なものです。いったんその気持ち良さを知ると、着けずにはいられなくなるのが良いブラジャーというものなのです。

ぜひあなたもこの本を読んで、ブラジャーの意味深さを知ってください。そしてご自分に合った良いブラジャーを探してください。良いブラジャーを着けていると、美しいバストが育ちます。ひとりでも多くの女性に美しいバストを手に入れていただき、美しく装っていただくことが彼の生涯をかけた願いであり、ロマンなのです。

この本をまとめた　田渕由美子

ブラジャーで勲章をもらった男　目次

3　どん底時代を経て、創業へ

4 ブラジャーというもの

5 ライセンスビジネスに取り組む

プロローグ　～ブラジャー一〇一号～

一九五一（昭和二十六）年。

この年、滋賀県近江八幡にある八幡商業高校を卒業した西田清美は、縁あって、京都市中京区二条通東洞院にある和江商事という小さな会社の社員となっていた。

和江商事とは現在のワコールのこと。日本の女性下着業界のトップに君臨するビッグカンパニーである。

といっても、この頃の和江商事は女性用のネックレスや髪飾りやブローチなど小間物を扱う小さな装身具商にすぎなかった。見本を詰めたトランクを提げて日本各地を回り小売店を営業して歩く、社員十名余りの零細企業。西田はここに七番目の男子社員として入社したのである。

〈京都は着倒れって言ってね、着物の産地だったんですよ。昔の都だからね、日本中の着物が集まってくる。

戦後、着物屋さんが復活しようとしたんだけど、そこへ進駐軍と一緒にアメリカ文化がばーっと入ってきた。着物はもう古いと。戦争が終わって日本はいっぺんにアメリカナイズされた。絣（かすり）の袷（あわせ）にもんぺをはいていたのがアッパッパー（ワンピース型の部屋着）なんかに変わった。日本女性も戦争から解放されて身をかまうようになってきた。

そういう時代にワコールの塚本さん（塚本幸一（つかもとこういち）・ワコール創業者）が戦地から復員されて「日本は変わった」とショックを受けられた。女性がパーマをかけている。真っ赤な口紅をつけている。自分は命をかけて戦争をしてきたのに、なんとまあ変わるもんだと。でも、生きていかなきゃならない。復員手当なんかわずかなものです。

塚本さんのお父さんは呉服屋さんをやってたんだけど、そこへたまたまネックレスを売りに来た人がいて、日本女性も変わるんだから、これからはこういうものを売ったらいいんじゃないかと思ったんですね。そこで、復員してきたその日からもう装身具や小物を扱う雑貨屋の商売を始めた。そこへボクが就職したんです。〉

会社とは名ばかり。和江商事の事務所は、塚本が家族と住んでいる間口二間半のしもた屋の中にあった。

入社後まもなくのこと、西田は塚本から「うちに引っ越して京都に戸籍を移し、田舎の配給米を持って来てくれないだろうか」と頼まれる。

「わかりました」

西田は即答した。

日本では太平洋戦争開戦前からさまざまな物資が不足し、主食の米をはじめとする食料や衣料品など、生活必需品の多くが配給制となっていた。それらは戦後も持ちこされ、特に米の配給制はかなり長く続いていた。

配給制とは、各世帯に人数に応じた切符をあらかじめ交付しておき、それと引き換えに物資を渡すというもの。米の場合は成人男子ひとりにつき一日二合三勺（しゃく）（約四百グラム）の配給米が基準（女性や子供はもっと少ない）だったが、これだけではとても家族の腹を満たすことなどできない。ヤミの食料に頼る人々は多かった。塚本の場合も、夫妻と幼い長男長女、それに実母の五人家族を養うためにずいぶん苦労していた。

その頃の西田はといえば、近江八幡駅から国鉄で三つ目の稲枝（いなえ）近くの実家に住んでいた。戦後の農地改革で土地のほとんどを取られてしまったものの、親戚が三反だけ西田家のために残してくれたので、西田の家は配給米に頼らなくてもよかったのである。

入社当初、煙でまっ黒になって京都まで汽車で通うのに往生していた西田は、「これは渡りに船だ」と喜んで、二つ返事で塚本の頼みを引き受けたのである。滋賀県の実家から通うより、住み込みの方がずっと楽だと考えたわけだが、その見通しがとんでもなく甘かったことはすぐにわかる。


間口が狭くて奥行きの長い、俗にうなぎの寝床といわれる町家は、京都独特のものである。塚本社長の自宅兼事務所もそういう造りで、真ん中には小さな中庭があった。中庭をはさんで奥には離れ。そこには塚本の母が住んでいた。

玄関を入ると八畳の事務所がある。手前には塚本の机、その前を通って階段を上がる。上がったところに四畳半。その隣の八畳が西田の仕事場であり、寝室でもある。棚があって、商品や見本が置いてある。装身具だからかさばらない。模造真珠のネックレス、水晶のネックレス、イヤリング、金属製の彩色ブローチ、黄楊（つげ）の木のブローチ……。

戦後でも、ゆとりのある女性は当時からそういうものを身につけていた。特に京都は都会でありながら戦争の被害に遭っていなかったため、京阪神の中ではいちばん賑やかで活気があった。

また、横須賀や佐世保などの軍港には進駐軍の軍艦が出入りしており、米兵相手の「夜の蝶」といわれる女性が多かった。そういう人たちはせっせとお洒落もしたのである。

その頃、街の女性たちの間で流行し始めたのは、ネッカチーフやロングスカート、パーマネントなど。一九四七（昭和二十二）年にパリのデザイナー、クリスチャン・ディオールが発表した「ニュールック」と呼ばれるスタイルは、胸のふくらみを強調し、細く絞ったウエストからたっぷり広がったロングスカートという優雅なもので、このシルエットを作るためにコルセットが戦後いち早く普及し始めていた。


川口、柾木、服部、福永などの先輩社員たちが日本中を営業して回り、装身具の注文を取って速達で送ってよこす。中には先月売ったものの集金手形と、新たな追加注文書が入っている。それを開けて、手形は経理担当の中村伊一（後に塚本社長の懐刀といわれた重要人物）に渡し、受注表を見ては注文の品をピッキングして箱に入れて送り出すのが西田の仕事である。

ネックレスやイヤリングといった装身具だけならよかったのだが、大変だったのは「木口」であった。これは布で作る簡便な手提げバッグの口に付けるもので、繊維が統制解除になるまでは、家にある古い布を木口に付けて、手提げを作るというのが女性の間で流行していた。

この木口は非常によく売れたのだが、送るのがとにかく難儀で西田を困惑させるのであった。かさばるのである。なにしろ段ボールなどのない時代、八百屋でみかん箱やりんご箱といった木箱を買ってきて、これに品物を入れて受注先に送るのだ。

「よそへ売らんとってや。明日取りにくるから」と頼みこんでは、自転車に積んで三つ四つと買ってくる。

商品を詰めた木箱を縛るのは荒縄だ。この作業をすると手がひどく荒れる。冬は、恥ずかしくて人前に手が出せないほどのアカギレになり、自分でも気持ちが悪いほどだった。

中庭では荷造りの練習をよくやった。大きな重たい木箱をどうやって荷造りするかはコツがある。ちょっと斜めにさえできれば軽いのだが、コツを飲みこむまではひと苦労。切った荒縄を中途半端に余らせていると、離れにいる塚本の母からすかさず声がかかる。

「西田はん、なにしてはりますのん？　そんなあほな（無駄な）ことしてたらあきまへんよ。五センチ足らいでも縄はくくれへんのんよ」

「あっ、そうですね」

しっかり見られているのであった。

冬になると水道の水が凍って出なくなる。なんとか出ても、それは冷たい氷水。雑巾を絞り、寝室以外の事務所を西田が全部ひとりで掃除するのであった。

表通りは隣の家より少しでも早く掃除しないといけない。自分の家の三十センチ先まで掃き清める。それが京都のしきたりなのだ。犬が死んでいたら、隣の家のほうに寄せておくように教えられた。

「うちの前で死んだんとちがう。隣の責任や」

と言えるからだ。食べるものがなくて犬や猫がよく死ぬ時代だった。

荷馬車が通ると、後にボロ（糞）を落としていく。するとまた離れから、

「ちょっと西田はん」

「なんですー？」

「あそこにボロが落ちてる。隣に取られないうちに、早よ取って来て」

拾ったボロは中庭で作っている野菜の肥料にした。乾かして燃料にする家もあった時代である。馬糞はそれくらい貴重だった。つまり、住み込みの西田は、塚本家における雑用を一手に引き受けて重宝がられる羽目になったのである。

〈まあ、早い話が丁稚（でっち）みたいなもんでした。〉

和江商事は装身具の卸商だったが、得意先から欲しいと言われるものはなんでも扱っていた。

商売になるものなら手当たり次第の、いわゆる「よろず屋」といったところで、圧倒的に物が不足していたこの時代、特に地方ではたいそう重宝されたのである。また、そうして人々が要求するモノを探しては売り込むことで、売り上げを伸ばしていったのだ。

そんな頃のこと、佐世保と横須賀の両方から「乳バンドはないか？」と問い合わせが来た。

女性の洋装は、さかのぼると明治時代の鹿鳴館(ろくめいかん)に始まる。大正以降、少しずつ広まっていったとはいえ、一部上流階級を除いて、一般にはさほど普及していなかった。

それでも、洋装にはそれ用の下着が必要である。和装の肌襦袢(じゅばん)や腰巻に代わるシュミーズやズロースは、かなり早い時期から製造されていた。

「乳バンド」や「乳おさえ」などさまざまな名称で、乳房を押さえるための下着も作られていた。「バンド」や「おさえ」という言い方でわかるように、戦前の日本では胸が大きいのは恥ずかしいことであり、太った人が使うものという考え方が強かったようだ。

京都には呉服屋が多いため、着物用の「乳バンド」が売られていた。着物を着る時、胸をさらしで巻くが、物不足でぐるぐる巻くほど布がない。さらしの代わりに、できるだけ小さな布で胸の部分だけ押さえ、後ろにゴムをつけて引っ張ったものである。

近くの京都物産という問屋に乳バンドが置いてあったので仕入れて送ったところ、その日のうちに売れて無くなってしまった。京都物産の在庫を全部買って売ってしまった後も、佐世保や横須賀からの注文が途切れない。

「もうおまへんわ」

「なんとかせいやー！」


佐世保や横須賀には、先進の洋装で着飾った女性の姿が増えていた。洋装下着の知識も深まっていったことだろう。コルセットで胴を締め、乳バンドで胸まわりを整える。米兵からアメリカ製のブラジャーを手に入れる女性がいたかもしれない。「ブラジャー」という名称など、まだ日本女性の大半が知らなかった頃の話である。

塚本社長は考えた。

「これ、自分のところで作ったらどうやろう」

当時の乳バンドは綿生地で作った胸当てのようなものだから、見よう見まねで作れそうに思えた。

とにかく皆が鵜の目鷹の目で「売れるもん」「儲かるもん」を探していた時代である。和江商事ではすでにコルセットを扱っており、売れていた。

「これから洋装下着はきっと売れる。大きなビジネスになりそうだ」

ある晩、酒を飲んで帰宅したご機嫌の塚本が、西田を呼んでこう言った。

「おい西田。あのなあ、乳バンド作らへんか?」

「えー? そんなんできますのー?」

「こんなんウチで作れるやろ。いっぺんやってみよ。ちょっと紙とはさみと持ってきて」

塚本は紙をはさみで真ん中まで切ってから、円錐形に丸くして見せながら、

「これふたつしたらおまえ、こんで乳バンドやろ」

「そらまあそうですけど……なんぼなんでも大将、そら大きすぎまっせ」

「そやなあ。ちょっと良枝呼べ」

サイズを決める上で試着は大切である。呼ばれて社長の妻・良枝がやってきた。

「ちょっとおまえな、服の前、開けてーな」

「前開けて、そんなん恥ずかしわ~」

「大事なことやから。全部開けろゆうてんのとちゃうねん。上だけちょっと取ってくれたらええねん」

上半身を脱がせた妻の胸に、はさみで切った紙を当てる。

「ちょっと大きいな」

「そうでっしゃろ。やっぱり大きいでっしゃろ。ボクそう言いましたやろ」

横でかしこまっていた西田が口を挟む。

「なんやお前、まだおったんか!? 早(はよ)うあっちへ行け!!」

塚本に怒鳴られて仕方なく退散した西田は、胸中でぼやいた。

（ええとこで見つかってもたなー。別に裸になってはるわけやないのになあ）


和江商事にとってのエポックメイキング。それが、この八畳間の裸電球の下での乳バンドの試作であった。それまで、装身具や小間物など、できたものを問屋から仕入れて売るという小商いばかりしていた和江商事が、これからの洋装女性に欠かせないアイテム乳バンドに着目し、オリジナルの製造販売事業へと、この時大きく舵(かじ)を切ったのである。


さて、乳バンドのサンプルを作ってみたものの、縫ってくれるところが見つからない。どこか縫ってくれるところはないだろうかと塚本社長が思案しているところに、ミシンのある工場を知っているという情報が入った。教えてくれたのは和江商事に新聞を配達していた若者だ。それが室町通姉小路にある木原商店の工場だった。

木原家は大きな旧家である。戦前は東京の日本橋三越の近くで呉服を商っていた木原光治郎(きはらこうじろう)

が、戦争中の衣料統制下で商売ができなくなり、本社の裏にある地下一階、地上三階建ての工場で百台ほどのミシンを使い、軍服を縫っていた。戦争が終わり軍服が不要となったことから、その頃比較的手に入りやすかった人絹でステテコを作っていたのである。

塚本はその木原工場で乳バンドを縫ってもらえないかと考えた。話をもちかけると、木原も大歓迎で、面白いやりましょうということになった。

〈ところがね、塚本さんはさすが商売人。ものすごく用心深い人でね、木原さんが変な気を起こして、自分でそれをよそに売りに行かれたらたまらんと思ったんでしょうね。「僕たちと一緒にやってください。合併しましょう」と持ちかけたわけ。でも木原さんはなかなかうんと言わない。それまでに合併を二度もやって大損してるくらいやだと。それを塚本さんはせっせと毎日熱心に通って口説き落とした。最後は、自分はもう専務でいいから、社長は木原さんがやってくださいと。これが殺し文句になって合併できたんです。そう、この頃はまだ乳バンドと言っていました。〉

塚本が木原工場との合併を強引なくらいに推し進めたのは、この先の事業展開を俯瞰した時に、絶対に自社工場が必要だと考えたためであった。戦後の進駐軍（GHQ）による占領統治下から日本が独立し、自由経済の時代がいよいよ間近に迫って来ていた。

長く統制を受けていた繊維製品も一九五一年四月をもってようやく統制解除され、いつでもどこでも作って売ることができるようになる。そうなれば大きなビジネスチャンスの到来だ。そのための準備を塚本は急いだのである。そして、この合併に伴って、和江商事の本社は木原工場のある室町通姉小路上ルに移転することになる。


また、ある晩のこと。

仕事をしている西田のところに、ニコニコ顔の塚本社長が分厚い本を手に帰宅した。持っていたのは、どこかで買ったか、もらったたらしい、アメリカのシアーズ・ローバック社の通信販売カタログ。最新のファッションに彩られた分厚いそのカタログをめくっていくと、女性の下着関係のページがあった。中には六ページにもわたってアメリカの乳バンドが出ている。裏にメーカーの名前が書いてあり、そこには年商も載っていた。かなり大きな数字だったらしい。

「西田、見てみい。ごっつい商売やぞこれは！」

塚本社長は興奮した。

そこには、乳バンドの商品名が英語で書いてあった。

「西田、コレおまえ、なんて読む？　なんて書いてあるねん？　おまえ学校出たばっかりやろ。

それやったらこの英語読めるやろ」

「そんなこと言われても。ちょ、ちょっと待っとくれやす」

西田は持っていたコンサイスの英和辞書を繰った。

「ブラ……ブラ、ブラ……」

「ブラブラゆうてんと早ゆえ」

「ブラ…ジェール…ブラ…ジャー………みたいです」

「そうか。ブラジャーか。よし。これからはもう乳バンド言わんとけ。ブラジャー言おう！」


塚本は出来上がったばかりのブラジャーを西田に見せて言う。

「これ、わしが木原さんとこで作ったブラジャーや。どや、売れると思うか？」

「いいですねえ」

なにしろ試作第一号である。いいのか悪いのかわかるわけがない。今から見れば相当に稚拙な代物だったと思われる。

「これに番号つけろ」

「一号ですね」

「あほー」

「なんでです？」

「おまえなあ。そら、今こしらえたんやから一号やけど、もっと早うから作ってるように見せんとあかんやろ。だから一〇一号や！」


それからしばらくしてのことだ。塚本は社員みんなを集めてこう言う。

「もう装身具の商売はやめる。なんでかわかるか？」

「なんでです？　せっかく売れてるのに」

「あのなあ。装身具屋とおできは大きくなったら潰れんねや」

商売を大きくするためには在庫をたくさん持たないといけない。しかし、装身具は流行ものだから、ちょっと型が変わるとたんに売れなくなる。ものによっては一貫目いくらでも売れない。木製のブローチなどは風呂の焚きつけにするしかない。在庫が全部ぱあになってしまう。だから、大きくなると潰れる。

これからは徐々に装身具は減らして、ブラジャーに力を入れると塚本は宣言したのである。

塚本には、大局を見誤らない目があった。

この時の西田、まだ十代。後のワコールのカリスマ社長・塚本幸一は三十歳になったばかり。

戦争はとうの昔に終わっていたが、まだまだ足りないものだらけ。混沌とした世情の中で目新しいものを作ればなんでも売れる時代がそこにあった。すべてが試行錯誤で、みんながニーズを少しずつ蓄積しながら新しいものを切り開いていった。

和江商事は初の自社製品ブラジャー「一〇一号」の開発で、本格的な下着メーカーへの一歩を踏み出したのだったし、はからずも一〇一号の誕生に立ち会うことになった西田の下着屋人生も、ここから始まったのである。

1 「ケンカしい」の誕生

やんちゃな学生時代

西田清美は一九三二（昭和七）年、名古屋市西区で生まれた。隣は豊臣秀吉の出身地、中村区。男九人に女三人と兄弟姉妹が多く、西田は男兄弟の七番目だったから厳しい上下関係に揉まれた。兄弟が競争でやんちゃをするので、母親は大変であった。

西田の父は滋賀県の出身である。実家は彦根に近い稲枝にあり、都会に仕事を求めたのであろう、名古屋に出て来て結婚し家庭を持った。

〈親父は、自分が田舎の人間だから、田舎から来る人をとても大事にするんです。たとえば、夏になるとお百姓がスイカを売りにくるでしょ。そうすると「あと何個残ってるの？　日が暮れて今から売りに行くの大変だし、残ってるの全部買ってあげるよ」と言って、十個二十個と買ってあげるの。〉

それを縁の下に転がしておいては、近所の人に二個三個と気前よく分け与える。山の方から薪などを売りに来る人があると同じように次々と買い取るので、敷地には薪の山ができていた。そういう人たちに「ご飯を食べていけ」と世話を焼くのも毎度のことであった。

そんな父親は寺参りが好きだった。

「死ぬまでに一度は善光寺さんにお参りに行かないと、まともに死ねない」などというジンクスがあった時代だったから、とりわけ信州の善光寺には毎年詣でていた。帰ってくると必ず近所の人が大勢やって来て、土産話をひとしきり聞いてゆく。

ある時、隣のお婆さんが来て、ありがたい話を聞かせてもらったと涙を流して喜んだ。

〈そして、「でも、わたしは足が悪いから、善光寺参りもできない」と言ったんです。そしたら親父が「そんならわたしが連れて行ってあげる」と言い出して、翌日、そのお婆さんを背中におぶって善光寺まで連れて行ってあげた。おぶってですよ。あれは

忘れられない。〉

母親もまた父親に劣らぬ世話好きで、人が良かった。困っている知り合いにたびたびお金をあげているのを見ていた西田は、それが不満でよく文句を言ったものだ。
「自分には小遣いをくれせんのに、なんでよその人にはあげるんだ？」

西田が五歳の一九三七（昭和十二）年に日中戦争が起こる。四年後には米英との間に戦端が開かれた。「ニイタカヤマノボレ」、太平洋戦争である。食糧難の時代が始まった。ひもじい毎日は小学生の西田にとって何より辛かった。
学校が終わると、鞄を玄関口に放り込んで、子分を集めて中村公園へ行く。子分たちと養殖池の鯉を釣ってるところを、見張りの爺さんに見つかって追いかけられて。やんちゃな西田は、この頃から親分肌のガキ大将であった。

〈蓮の泥池があって、蓮の花がポーンと咲くでしょ、その中に種ができる。如雨露（じょうろ）の口みたいなやつ。食うもんがない時代だから、その種が食べたいんですね。で、子分連れてわーっと採りに行く。お百姓が一生懸命作ってるやつを、そんなこと子供じゃなんにもわかりゃしないから、食べたい一心でとにかく飛び込んでいくと、レンコンが折れちゃう。

運動靴を隠しといて、お百姓にみつからないように知恵を働かして葉っぱの陰に隠れながら採るんだけど、やっぱりわかるわけです。水が濁ったり、波が立つもんだからばれちゃう。捕まえに来るんだよ。「おーい！　来たぞ――！」つって一斉に逃げるんだけど、もう靴はしょっちゅう取られるしね。帰ったら靴がないから怒られるし。靴をなくした言い訳を考えるのが大変だった。「誰かが間違えて履いてっちゃって、寸法の合わない靴があったけど多分それだったと思う」とかね。〉

西田たちガキンチョが大いに気炎を上げている頃、最初は攻勢だった戦況に暗雲が立ち込め始める。徐々に南方戦線での敗退が明らかとなる中、その影響は元気に遊び回っていた西田たちにも及んできた。名古屋にも空襲が始まったのだ。

とにかく子供は田舎へ疎開しなさいということになり、西田は近江八幡にある叔父の家に疎開した。そこの従兄弟とは同い年で仲が良かったのだ。疎開先の叔父の家は村一番の金持ちだった。

滋賀県はいにしえの頃から近江と呼ばれ、ここを本拠地とした商人は「近江商人」と称されて有名だ。

真ん中を大きな琵琶湖が占めている滋賀県は農地が狭い。農家の二男や三男は家から土地を分けてもらえない。そのため地元の特産品を天秤棒に担いで日本各地へ行商に出かけるしかなかった。遠国を駆け回って商いで身上を増やし、故郷に錦を飾る。その伝統は長く生き続け、後に西田が入学する県立八幡商業高校は「自主自律・独立自尊・進取気鋭」を校訓に、伊藤忠商事や丸紅、ふとんの西川の創業者など、優秀な実業家を数多く輩出している。

和江商事の塚本幸一も八幡商業の先輩であるから、塚本の下で西田がブラジャーに出会ったことを思うと、近江に疎開したことが彼の後の人生を方向付けたと言える。


さて、疎開の翌日、学校に行って早速ケンカ。小学校で名古屋弁をしゃべったら、それがおかしいといじめられたのだ。

後ろから石を投げたりからかったりする輩はどこにでもいるものだ。頭に来て「なにゆっとりゃーす！」と言ったら、またドッと笑う。

「こんな田舎者に負けてたまるか。この野郎！」

思いっきり殴りつけたところを先生に見つかって廊下に立たされ、その日のうちに評判となった。

「あいつは『ケンカしい』だ」

「ケンカしい」というのは「けんかする人」「けんかしたがる人」という意味合いの関西弁である。関西弁に馴染みのない人でも「ええかっこしい」「真似しい」という言い方を知っているだろう。

別にケンカがしたいと思っているわけではないのだが、負けず嫌いでやんちゃな西田はやられっ放しで黙っていることができない。だから、ケンカはしょっちゅうやっていた。

勉強は嫌いであった。遊ぶのが面白くってたまらない。中学の入学試験には合格したものの、定員二百五十人中二百四四番目という惨憺たる成績。西田は自分のあまりの成績の悪さに落胆した、というよりこの成績で入れたことに愕然としたという。

戦争は末期に入っていた。

一九四五（昭和二十）年に入ると、アメリカ軍は名古屋の市街地を標的として繰り返し大規模な空襲を行う。市の中心部は焼け野原となり、西田の家も全焼した。父親が農家から買って庭に積んでいた大量の薪がよく燃え、最後まで火勢が衰えなかったという。

疎開していた西田はその惨状を見ていない。しかし、焼け出された西田一家を、知り合いの人が十数キロも離れた所から、米を炊き、味噌醤油を担いで探しに来てくれたと後で聞かされた。母親がよくお金をあげていた人だった。

食べる物などロクにない、まして、人の心配どころか自分が生きることで精いっぱいな非常時である。もし亡くなっていたらせめて骨なりとも拾ってあげないと、と思いながら来てくれたと聞いて西田は感激し、そして反省した。かつて、その人のことで母親に文句を言ってくってかかって悪いことをしたと思ったのだ。母親の振る舞いが西田に教えたことは大きかった。


やがて、戦争は終結した。西田は近江八幡で終戦を迎えた。

近江八幡は美しい町だ。戦国時代に豊臣秀次が築いた城下町で、前述の近江商人発祥の地でもある。近世の風情が今もよく残り、八幡堀沿いの町並みなどは国の重要伝統的建造物群保存地区に指定されている。時代劇の撮影にはもってこいの町だし、そぞろ歩きも楽しい。

もうひとつ、近江八幡は建築家ウィリアム・メレル・ヴォーリズが住み、多くの近代建築を残した場所としても知られている。西田が六年間通った滋賀県立八幡商業中学・高校の校舎もヴォーリズの設計したものであり、校舎は現在も残る。

ヴォーリズはアメリカのカンザス州に生まれ、コロラドカレッジで建築を勉強したのち、英語教師として一九〇五（明治三十八）年に来日した。一九四一年には日本に帰化して、一柳（ひとつやなぎ）米来留（めれる）という日本名を名乗った。日本各地で教会、学校、病院、住宅などの西洋建築を数多く残しているほか、学校や病院経営、ＹＭＣＡ活動、メンタームで知られる近江兄弟社の創業にも参加するなど、近江八幡を拠点に多くの業績を残した人物である。プロテスタントの熱心な信徒として、伝道にもよく従事した。

高校時代、西田は同級生の林治郎（はやしじろう）に誘われてバイブルクラスに入り、そこでヴォーリズに聖書の講読を受けている。ヴォーリズの自宅にも招かれた。後述するが、ヴォーリズは西田にとって大切な忘れられない人である。

さて、名古屋を焼け出された西田一家は、実家のある滋賀県に戻ってきた。終戦後の西田も親戚の家を出て家族の元に帰り、近江八幡駅から北へ三つ目の稲枝から汽車通学をしていた。

その当時、学生帽に油を塗ってテカテカに光らせているようなチンピラの生徒がたくさんいたが、西田はそういうタイプではなかった。ケンカに明け暮れるとはいっても、とにかく筋の通らないことが嫌いなだけ。人を茶化したりするのは大好きだが、理由のないケンカはしなかった。なにかと義憤にかられてしまうのである。いじめられている同級生がいると、かばって助けてやる。

この時代、西田によく助けてもらったのが同級生の西村文治（にしむらぶんじ）という男だ。

近在の村から通っていた暴力的な生徒になぜか目をつけられ、難癖をつけてはいじめられていたのを、西田が見かねて庇(かば)った。ちょっと脅しを入れたら効果はてきめんで、いじめはぴたりと止んだ。

東京からの疎開組で、今も公私ともに深い付き合いの続く服部良夫(はっとりよしお)は、この頃から西田を信奉しているが、昔をしみじみ振り返って言う。

「この人はとっても威圧感があった。ひとこと言うとみんなが言うことを聞く。眼光も鋭かったですよ」

近江八幡駅から学校へ行く途中に、皆が駅道と呼んでいた田んぼの真ん中の道があった。ある日の下校時のことである。お祭りで酒を飲んだ金田村の青年団連中が五～六人、「八商のぼんち」と馬鹿にして道の真ん中で通せんぼうをした。生徒たちは皆、難を避けて田んぼに下り、遠回りをして帰ってゆく。

こういう時、西田はまったく躊躇(ちゅうちょ)しない。

「逃げるなんて冗談じゃねえや」

と、ひとりで一番大きい奴を殴りに行った。相手は酔っ払いなのだから、捕まらないようにすればいいのである。でかいのをバンバーンと素早く殴って難なく通り抜けてきたので、周りの生徒たちはあっけにとられた。

翌日にはそれに尾ひれがつき、西田が六人を殴り倒したという話が学校中を駆け巡った。

「西田はすごい奴だ」

ある時、黒板に字を書いている先生に向かって西田がバーンとチョークを投げた。先生が「誰だ⁉」と振り返る。西田も後ろを向いて「誰だ⁉」。

後ろの席にいたのは中島（なかじま）という男だったが、西田が怖くて「やったのは西田だ」と言えない。職員室に呼ばれて立たされた。

中島からは「お前にはホントにひどい目にあった」と後に同窓会でこぼされたが、高校卒業まで一回もケンカで負けたことがなかったのは西田の自慢である。

良くも悪くも、何もかもが今よりずっと荒っぽかった時代だ。その代わり陰湿さはなかったし、誰もがケンカの退（ひ）き時をよくわかっていた。

英語に目覚める

中学二年の秋、西田は一週間の停学処分を受けた。

相変わらず勉強が嫌いで、教科書もろくに開かない西田は成績も悪かった。当然、定期試験があってもさっぱりわからない。答案用紙を白紙で出してさっさと教室を出たのだが、その後がいけない。答えがわからなかったのが悔しいのもあり、教室を出たところで後ろから教科書を手に取って答えを全部読み上げてやったのだ。

「一番の答え～」

これを密告した人間がおり、また同じ答えを書いた答案が続出したことで大問題になって、西田は一週間の停学処分を受けた。カンニングのような卑怯な真似はしない。でも悪さはする。それが西田なのであった。

ところが、これが思わぬ転機となった。

一週間後、母親と共に学校に呼び出されるのだが、この時、母親が背中を丸めて息子のために謝っているみじめな姿を見て、初めて「悪いことをした」と反省したのだ。

〈ケンカや遊びをやめて、勉強しなきゃいかんなと思ったんです。母親に申し訳ないと。おやじに怒られた時も兄貴とケンカした時も肩を持ってくれる母親を不幸な目にあわせるなんて親不孝だなあと自覚して。ちょっと恥ずかしかったけど、勉強しようと考えた。

でも、数学や物理は基礎をやってないと途中から入れないでしょ？　今からじゃまったくわからない。ホントに困っちゃってねえ。そういう時に、それまで敵性語だった英語の授業がやっと始まったんですよ。英語の勉強をしてよろしいと。「これだ！」と思ったわけです。これならみんなと一緒にスタートできる。まず授業の時に教科書をうまく読めるように、徹底的に発音から入ってやろうと考えた。〉

質の悪いわら半紙のような紙が一枚ずつ配られて、それが英語の教科書。しかし、心を入れ替えた西田のここからの勉強ぶりはすごかった。今までダメだったのはやらなかったからで、勉強すれば負けることはない、負けたくないと思ったのだ。

まず、一九四六（昭和二十一）年から始まっていたＮＨＫラジオの平川唯一（ひらかわただいち）の英語会話放送「カムカム英語」を欠かさず聴く。毎週月曜から金曜の午後六時からの十五分間。それから米軍が流す進駐軍向けのラジオ放送。これを夢中で聴いた。

後に西田は韓国語の勉強にのめりこむ時期があるのだが、常にポイントになる難しい発音（英語の場合はＲとＬ）をモノにすることを自分に課した。

心おきなく発音の練習をするために、学校への行き帰りは道路を通らず田んぼのあぜ道を歩いた。駅まで二十分ほどの道のりを、毎日大声で意味のわからぬ言葉をわめきながら歩いている西田の姿は異様だったようで、近所の評判になる。

「西田さんの息子は、とうとう頭がおかしゅうなった」

そんな折、西田は一年上の先輩から語学部に入れと言われた。

〈その頃は体育部に部活の予算をみんな取られちゃう。語学部なんて、なんで金が要るんだというわけ。お前だったらケンカが強いから予算がとれるだろうと言われて、ボクが行かされた。「これからは英語が大事な時代だから語学部にも予算を回してくれ」と一発ぶって、昨年比で三倍くらいの予算をぶんどってきた。そしたら先輩が褒めてくれてねえ。「やっぱり西田、お前やなあ」と。〉

この時、西田は服部良夫のやっている文芸部と、彼が熱心に取り組んでいた図書館活動の分までバックアップしてやった。もう少し金を出してやれと助け舟を出したのである。なにしろ威圧感があるし、こいつに逆らったら大変なことになると相手は思うらしく、西田の言うことはたいていストレートで通るのであった。

職員室の中では、「西田は悪い奴だ」ということになっていた。しかし、英語を勉強するようになった西田を、英語の富江寿雄先生だけは「キヨミ、キヨミ」と呼んで目をかけてくれるようになった。

いつもニコニコと柔和な語り口の国語教師の阿頼耶順宏先生は生徒たちに人気があった。西田や服部、西村は国語の授業の傍ら、図書館や文芸部で、演劇を中心に、この阿頼耶先生に大いに教養を広げてもらった。両先生は奇しくも京都大学中国文学科の同級生であった。

八幡商業では毎年英語の弁論大会が開かれている。滋賀県下の高校から優秀な弁論部員が集められて、スピーチを競う。八幡商業はその主催校なのだが、高校三年の時、なんと西田はこの弁論大会のチェアマン（司会者）に抜擢された。

〈主催校だから英語の達者な奴は他にもいっぱいいるんだけど、誰もやるって言わないわけ。それでボクに回ってきた。〉

そう西田は言うが、弁論部員でもない西田がこの大役を任されたのは、英語にのめり込むように勉強した成果を富江先生が認めて、推薦してくれたというのが真相ではないだろうか。

大抜擢を受けて西田は考えた。進駐軍放送でよくやっている曲目紹介を真似たらどうだろう。当時大人気だったビング・クロスビーなどの曲目紹介をラジオで聴いていると、紹介の仕方が五通りくらいあることに西田は気が付いていた。それを毎日一生懸命に聴いて、必死に耳で憶えたのである。

大会の日、壇上の西田は耳コピーした五通りの言い回しを順繰りに使って出演者の紹介をした。西田としては「どこどこの○○さんを紹介します」というのをただ順番に言っているだけなのだが、聴いている方にはそんなことはわからない。

西田は声も大きかった。眼光鋭く堂々と舞台に立ち、流暢（りゅうちょう）な英語を自在に駆使して（いるように見えた）バラエティーに富んだ紹介をしているのだから、人は唸（うな）る。

弁論大会には進駐軍から二人、近江兄弟社から六人の審査員が来ていた。審査員の協議で大会優秀者が選ばれ、最後に講評が行われるのである。

〈全部終わってから、最後にＧＨＱのルーテナント（幹部）が講堂の壇で総評するわけです。ボクは端っこの方に座って、終わってやれやれと思ってた。そしたらそのルーテナントなんとかいう人が、いきなりこっちを向いて「ミスターニシダ」っていうから飛び上がった。みんなも大笑い。そしたら（自分では言いにくいんだけども）「大阪・京都の学校をずっと回ってきたけど、今日ほど素晴らしい紹介者はいなかった」とベタ褒めされちゃったの。うれしかったねえ。あの弁論大会の司会は、今だから言えるけどうまくいったなぁと思う。ボクはね、申年（さる）なんですよ。だから物真似がうまいんだよね（笑）。〉

八幡商業高校時代、中央が西田。服部良夫(右)、西村文治(左)と

西田たちは六・三・三制スタートのちょうど狭間にいたため、在学中に学校統合を迎えた。男子校だった八幡商業と八幡女子高校が合併したのである。

女生徒が増え、そうなると西田は俄然モテた。身長一七〇センチ、さほど大きくはないが颯爽としている。涼やかに整った容貌で、おまけにリーダーシップがあってケンカも強い。唯一の弱点は成績が悪いことだったが、英語で挽回した。

「だからこの人モテました。ものすごくモテましたよ」

服部はつくづくと言うのである。

塚本幸一との出会い

「君は学校の名誉を高めてくれた。滋賀県下に八商ありと。君のおかげだ、ありがとう」

弁論大会での西田の活躍を、八商の校長は大いに喜んでくれた。そしてこの活躍が、やがて卒業後の西田自身の人生を切り開いてゆくことになる。

一九五一（昭和二十六）年頃の日本経済は、前年の朝鮮戦争勃発による特需景気でいくぶん活気を取り戻していたものの、世の中は就職難が続いていた。大学を卒業しても就職できるのは三割弱で、あとは失業。高卒で五割程度しか就職口がないという時代であった。

そんな時代ではあったが、「西田は学校の名誉を高めてくれたから、どこでも推薦してやる」と校長が言い、西田はなんと江商（現・兼松）に無試験で入れることになったのである。

江商というのは、当時日本でナンバーワンの綿紡績の繊維商社。国内だけでなく輸出入も手がける大企業であった。弁論大会で見せた英語力を買われ、商社ならば、将来、仕事で英語を活かせるのではないかと推薦してもらえたのである。

〈江商に入れることになって、ボクはもう得意になった。鼻高々ですよ。ケンカしいの面目保てたなと。そしたら、後に大丸に入る優等生の周防要助が聞いてきた。

「お前、ホンマに江商に行くんか？」

そりゃ行くに決まってますよ。

「江商やったら英語使えるからな」

そしたら「うーん。わしゃ賛成できんなあ」と言われたの。

賛成できんなあったって、就職できるだけでオンの字なんだからね。それも無試験で。〉

賛成できんと言われて、むっとした西田が、

「なんでそんなこと言うんや？」

と聞くと、彼はこう続けた。

「お前考えてみい。江商ゆうたら大会社やぞ。京大やら東大やら早慶やらを出た人間がごろごろいるとこやぞ。そういう会社に高卒のお前が行ってどうなる思うねん？ ケンカばっかりして偉そうにしてたお前が、同い年で大卒の優秀な奴らに死ぬまで頭が上がらんなんて我慢できるんか？」

それを聞いて西田はびっくりした。そうか、言われてみれば確かにそうだと思ったのである。

気づくのが遅い。友人の思いもよらぬ言葉で冷や水を浴びせられ、西田はそれからというもの

夜も眠れなくなってしまった。

どうしようかこうしようか。

さんざんに迷ったあげく、やっぱり駄目だ、学歴が違うだけで死ぬまで人の下にいるなんて絶対にごめんだと思うに至る。なにしろ負けず嫌いのケンカしいなのである。

そこで就職担当で担任の木本寛治先生の家に断りに行くことにした。

近江八幡にある木本の自宅で西田は言った。

「せっかく推薦していただきましたが、わたしのような人間は大会社では通用しないと思います」

西田の言葉は、たいそう木本を驚かせた。あまりにももったいない話なのである。

「何を言ってるんだ。英語ができるから推薦したんだよ」

なんでまたそんなことをと木本は必死で西田を慰留したが、何を言われても西田は考えを変えない。

「いや、勘弁してください。自分には大会社は向いていません。自分の一生は自分で決めたいと思います」

このやりとりは朝の四時頃まで延々と続き、疲れ果てて、とうとう木本は根負けした。

「わかった。あのなあ、頼むからもう寝てくれ」

これをそばで聞いていたのが、木本の妻・ふさ子である。これを「縁」というのであろうか、ふさ子は和江商事社長・塚本幸一の妹だった。「大会社よりも、将来性さえあれば小さな会社の方がいいんです」と力説する西田に、なんとまあ面白いことを言う人だと思ったのである。

このふさ子が、正月に京都の実家に里帰りした折、塚本のいるところでこの話をした。

「うちの主人の学校の生徒さんでこんな人がおる」

すると塚本が興味を持った。

「そいつは面白い。ぜひうちに連れて来い」

この時「連れて来い」と命令されたのが中村伊一だった。中村はもともと塚本の八幡商業時代の同級生で、八商時代から有名な秀才。東京商大（現・一橋大学）を卒業して、戦後しばらく八商で商業経済の教師をしていたが、塚本に請われて教師を辞め、昭和二十四年に和江商事に転職していたのである。

中村が八商で教鞭をとっていた頃、西田も授業を受けたことがあった。背が小さくて丸顔の彼は生徒から「豆炭」と呼ばれて、どちらかというと西田たちはからかいの対象にしていた。

中村が教師を辞めて和江商事に入った時は学校中の話題になり、「マメタンが金儲けする会社に入りよった～！」とみんなで大騒ぎしたという。

そんな中村だが、塚本から西田の話を聞いてふと思い出した。

そういえば、あいつは授業の時にワイワイ騒いでいる奴らを一発でおとなしくさせたことがある。ものすごくリーダーシップのある奴だ。

「おまえら静かにしろ！」のひと声でピシッとその場を鎮めた西田の姿が、中村の記憶に強く刻まれていたのである。


この「中村先生」が、八幡商業まで西田に会いにやって来た。

和江商事は装身具を扱う問屋で、今は小さい会社だがこれからは大きくなるというような話をして、「うちに来んか？」と就職を打診してきたのである。

西田はまったく乗れなかった。理由の第一は、扱っている品物が女性用の装身具であったこと。ケンカ三昧の高校生活を送っていた硬派な自分が、女物のネックレスや髪飾りを売り歩くなどあり得ない。就職先が京都というのも西田の気持ちを弾ませなかった。もっと都会の、英語が話せるような環境でこれまでと違う世界を経験したい。東京への憧れも強かった。

そんな西田に中村は言った。

「うちの会社もそのうち大きくなる。いずれは東京でも仕事ができるようになる可能性はあるで」

和江商事に入社する気はさらさらない。しかし、中村から「俺もこうやって朝早くから三度も来てるんや。俺の顔を立てて、うちの社長といっぺん会うだけでも会うてくれへんか」と言われて、ついに西田は京都に行って塚本に会うことを了承した。

中村に連れられ、西田は中京区二条通東洞院東入ルにある和江商事の本社にやって来た。前述の自宅兼事務所のしもた屋である。「本社」とはいうものの、見ればただの古ぼけた家。がっくりして思った。

「絶対イヤだ。こんな会社、絶対入らない」

ところが、そこに現れた塚本をひと目見て、西田は驚いた。背広など仕立て屋に行かないと作れない高級品だったこの時代に、塚本は非常にダンディーな青いダブルの背広をピシッと着こなしてやって来たのだ。それだけではない。素顔が実にいい。単に整っているというだけではない、ぎらっと光る鋭い目に西田は強烈な印象を受けた。

塚本は西田のちょうどひと回り上の二十九歳。戦争をくぐり抜けるとこんな顔になるのだろうか。西田は男の真髄を見た気がした。八商時代に弁論部で鳴らした塚本は非常に弁が立ち、語る言葉すべてに説得力があることも西田を驚かせた。

当時、自然社という宗教団体に入信していた塚本は、毎晩その道場に修行に通っていたが、そこでの教え（人生訓のようなもの）を書いた日めくりの三十一日分がすべて頭に入っており、あたかも自分の経験談のようにすらすらと語る。西田はその話にいたく感じ入った。

今までこんな人には巡り合ったことがない。心の中で「こんな会社」と考えていて、申し訳なかったと思った。

テーブルの横に手を付き、居住まいを正して西田は言った。

「申し訳ありませんでした。ぜひともこの会社に入れてください」

すると驚いたことに、塚本は喜ばない。

「ちょっと待て。君は僕の話をまだ一時間ほど聞いただけじゃないか。そんな早計な奴はいらない。帰って一ヵ月くらいよく考えて、それでも入りたいなら来い」

言われていったんは引き下がった西田だったが、一ヵ月どころか一週間だって待てない気持ちである。

翌朝すぐまた京都に出向き、入社させてくれるよう塚本に頭を下げた。塚本の人を惹きつける力はそれほど強かった。

「わかった。なら明日から来い」

こうして、西田は晴れて和江商事の社員となった。まだ高校生ではあったが、期末試験も終わって卒業式を待つばかりになっていたので、卒業前の三月十五日から和江商事で働き始めた。月末には半月分の給料をもらい、うれしさのあまり卒業式で同級生に見せびらかして「どうや」と自慢してみせた。

「ふうん。で、お前どこの会社に入ったんや？　どんな仕事やってるんや？」

口ごもり、焦って逃げる西田。

硬派で鳴らした自分が「女もんの装身具を扱う会社に入った」とはどうしても言えなかったのであるが、親友の服部良夫は西田の選択に驚きながらも、こんなふうに見ていた。

「これからは女性がファッションや美に目覚める時代が来るよ。君が選んだこの仕事は大いに将来性がある。ボクは絶対いいと思う」

文学青年だった服部は、美しいものに対してセンシティブだった。明治大学の仏文科に進み、姉の影響でパリのモードに興味を持ち始めていた服部は、西田に助言と協力を惜しまず、後に西田はいろいろなシーンで服部に助けられることになる。

2 和江商事で社会人としてスタート

夜なべでブラジャー作り

和江商事は復員してきた塚本幸一がひとりきりの装身具商から始めた会社であるが、その後の数年間で高卒社員第一号の服部清治、塚本の父親がやっていた呉服屋時代からの知り合いの柾木平吾、八幡商業時代の同級生川口郁雄、そして八商から引き抜いた豆炭こと中村伊一など、徐々に信頼できる社員を増やしていた。

こうした人々は後のワコール幹部となるのだが、そこに七人目の男子社員として入社したのが西田であった。

ここで気づくのは、和江商事には八幡商業がらみの人間が多いことだ。塚本が商いを大きくして会社の基盤を作るために少しでもいい人材を得ようとし、八商を中心としたネットワークが重要な役割を果たしていたことがわかる。

さて、先輩たちは営業で地方を飛び回っているのでほとんど会社にいない。いつもいるのはたいてい経理の中村と西田だけ。そんな中、塚本社長は頻繁に東京に仕入れに通っていた。

仕入れていたのは東京の「半沢商店（後に半沢エレガンス）」のオリジナルコルセットである。半沢商店は一九二三（大正十二）年創業の老舗問屋で、雑貨を中心に幅広い商いをしており、戦前からコルセットを扱っていた。戦後になって、このコルセットに力を入れ、老舗の信用で三越や髙島屋、白木屋をはじめとする東京の百貨店を中心に、ぽっと出の和江商事とは比較にならない絶大な販売力を持っていた。

とりわけ半沢商店のコルセットは品質が良いと評判だった。塚本はそのコルセットを半沢商店から仕入れて京都へ持ち帰り、半沢のスワンマークのラベルをはがして和江商事のクローバーマークを付け、売ったのだ。これはよく売れた。当時はなにしろ流通が未発達。半沢商店の販売圏は関西に及んでいなかったから、塚本が持ち帰って売ることでそれなりに利益が出たのである。

しかし、利益が出るといっても、しょせん出来上がった商品を仕入れて右から左へ売るだけだからうまみは少ない。塚本が自社製のブラジャーを作って売ろうと考えたのはそれゆえである。

塚本がいつも乗っていたのは「特二」と言われる夜行列車だった。毎回、夜行で東京に行き、朝早くから半沢商店の工場まで出かけて、コルセットを分けてもらうために頭を下げる。半沢のコルセットは爆発的な商品力を持っていたので、分けてもらうのも苦心惨憺なのだ。商品が風呂敷いっぱいになるまで座り込んで粘り、また夜行で帰ってくる。

その塚本を朝の六時に京都駅まで自転車で迎えに行き、品物を受け取るのは西田の仕事である。大きな風呂敷に半沢製のコルセットがいっぱい入っているのを自転車の荷台に乗せ、押して会社まで帰ってくる。帰ると、地方で営業している先輩たちが送ってくる速達を開封して、注文書の商品をピッキング、荷作り、発送。合間にボロ（馬糞）を拾ったりもするわけである。

夜は夜で仕事がある。

当時、和江商事で扱っていたものに「ブラパッド」があった。大宝物産の安田武生（やすだたけお）が創業まもない和江商事に持ち込んだもので、現在のパッド入りブラジャーのパッドの元祖ともいえるものである。アメリカの製品を参考に作られたものであろうか、貧弱な胸を大きく見せるために洋服の下に着けて使う。それがブラジャーに先んじて作られていたのである。

初期のブラパッドは、針金を円錐形のらせん状にしたスプリングに綿をのせ、それを布でくるんだものだったが、西田が入社した頃のブラパッドは東洋ゴムのラテックス製だった。仕入先から送られてくるそのブラパッドには、しかし、製品に微妙なばらつきがあって、それを微調整するのが西田の重要な仕事なのだった。

〈新聞を敷いてね、そこへりんご箱からブラパッドを全部出す。最初の頃のは品質がよくないもんで、硬いのと柔らかいのが混ざって入ってた。重なっているやつを全部一面に並べるでしょ。それを両手で触って柔らかさが同じくらいのを確かめてペアにする。硬いものは硬いもの同士、柔らかいのは柔らかいの同士。そこに商品名を入れた紙を挟んでセロハンの袋に入れ、ホチキスで留める。昼間あちこち走り回って、夜はこれを二階でひとりでやるんだよね。やってるうちに眠くて眠くて、そのうちとう、おっぱいの上で討ち死にしちゃうわけ。〉

市内の気のきいた洋品店に、ネックレスなどを持って売り込みに行くこともあった。営業のやり方を教えてくれる人は誰もいない。先輩はみんな地方に出払っているのだから、自分なりに考えてやるしかない。

「金色の鎖が売れへんねん」という店があった。

「よそはよう売れてまっせ」

「なんでやろ。うち売れへんねん」

そこで西田はこう言う。

「値段上げてみたらどうです？　八百円じゃなくて千二百円くらいにしたらどうです？」

「なるほど。やってみるわ」

そしたらすぐ売れた。


〈イヤリングも、ケースに入れると売れるんです。ケース屋さんがケースを売りに来るから、それを四十円で仕入れて小売り屋さんに持って行って「百二十円です」と。小売り屋さんはそれを二百円くらいで売る。イヤリングをそれに入れて売ったらよく売れた。そういうのは全部自分で、ない知恵を働かすわけです。〉

商品の値をあえて高く設定したり、ケースに入れることで商品の見場を良くして高級感を出す。そんな発想を商売の経験もないのにどうやって思いつくのか。営業トークの間を持たせるために、この頃、初めてタバコを吸うことを覚えた。

〈売ろうと自然と知恵が湧いてくるもんです。装身具はずいぶん売れたんですけど、ブラジャーができたからね。塚本さんが「装身具はやめる」と言って、ブラジャー一本にしたのは昭和二十六年末から二十七年くらいだったと思います。〉

ブラジャーを作るにはまず型紙を起こさなくてはならない。ズロースやシュミーズは戦前からあったが、ブラジャーはそれまでの日本にはなかったものだから、何を作るにも一から。それは和江商事に限ったことではなく、日本中の洋装下着メーカーがそれぞれに試行錯誤を重ねていた。

型紙など、どこに行っても売っていないし、アメリカの製品を参考に作ろうにも、現物がなかなか手に入らない。当初は塚本がカタログに載っているブラジャーの写真を見ながら、簡単そうなものを手本に見よう見真似でカップの恰好を作り上げていき、少しずつ種類も増やしていった。

当時のブラジャーは綿のキャラコ製である。キャラコは薄っぺらな頼りない布なので、糊（のり）でぱりぱりに固めてある。戦後の繊維不足のためにそんな布しかなかったのだが、ぱりぱりのキャラコは縫っている間に皺（しわ）がついてしまう。出来上がったブラジャーひとつひとつにアイロンをかけて皺をのばすための、キノコのような形のアイロン台が作ってあった。眠い目をこすりこすりやる夜中のアイロンがけも、西田の大事な仕事なのだった。

和江商事はとにかくこのブラジャーを他に先駆けていち早く売り出そうと、まず百貨店の攻略に乗り出した。京都の高島屋を手始めに、大阪の高島屋、それから全国にという経緯である。百貨店の方も最初は「そんなの売れるんかい」となかなかおいそれと乗ってくれない。洋装の下着は必ずこれが要るんだと説明するが、百貨店側もどこにそれをやらせるのがいいかと考える。他にも業者はあるんじゃないかというわけだ。

ブラジャーやコルセットなどの洋装下着にビジネスチャンスを感じていたのは和江商事だけではなく、いろいろな会社がほぼ同時期に同じようなことを考え、動き始めていたのだった。

和江商事が始めた新しい販売方式がある。対面販売というもので、このやり方は当たった。京都の高島屋では専用売り場ができ、大阪の高島屋では派遣店員の関順子（せきじゅんこ）がブラジャーを売りまくった。明るい性格で親切。客に好かれる関がどんどん売るので、すぐに売り切れる。そのたびに西田は京都から大阪の高島屋までブラジャーを運んだ。

ペラペラの薄い箱に一ダースずつブラジャーを入れて、その箱を十個重ねて下から紐を通して括る。紙不足なのでそんな頼りない箱しかないわけだが、それを片方に十個、もう片方に十個持ってぎゅうぎゅう詰めの満員電車に乗って行く。持っていても常時不安感があるうえに、箱自体が弱いので壊れやすく、一個壊れるともう大変、電車の中に真白いブラジャーがぶわーっとまき散らされる。

「うわー。こいつなんやおかしなもん持っとるでぇ〜」

ニヤついた騒ぎが起こり、大慌てで回収せねばならなかった。

初めての北陸営業

入社した年の十一月、西田は北陸へ一週間の営業に行くことになった。それまで事務所で雑用や荷造りや発送ばかりやってきた西田の初めての出張である。

北陸は福井、金沢、富山、高岡、新潟。寒い所に行くわけだからマフラーと手袋が必要だと思った西田は、経理の中村に「すみません」と給料の前借りを頼んだ。

すると中村は「ちょっとここへ座り」と西田を横に座らせて言った。

「君なあ、その金なにに使うんや？」

「手袋とマフラー買おと思てます」

「君なあ。わしは寒いシベリアで零下十度、二十度の凍りつくようなところで銃剣持って歩哨(ほしょう)したんやで。夜も寝んと。雪も降ってへんし氷もあれへんとこに行くのに、なんで手袋やマフラーが要るんや？」

いきなりシベリアを出されて、西田はぐうの音も出ない。

「前貸しゆうけど、君はうちの会社入ってなんぼ稼いだんや？　荷造りしてるだけやろ？　まだ利益も上げないのに前貸ししてくれとは何事や。今、会社は君にはこんだけ給料払ろてんねん。それだけの分、仕事したと思うか？」

言葉もない。

「零下十度や二十度のところでも人間は死なへんのやで。もっと気合入れて頑張らなダメやないか」

結局一時間も説教されたあげく、一円も貸してもらえなかった。

北陸での営業はうまくいかなかった。冬のこんな寒い季節にガラスのネックレスや模造真珠など誰も買ってくれないのである。

〈中にたまたまブラパッドが入っていてね。それを見せたら「ちょっと待ってなさい」と裏の方に行って出てこないから、これは買ってくれるなと思って喜んで待ってたら、四～五人ぞろぞろやって来た。ブラパッドが珍しいもんだから近所の人を呼んできたんだね。で、みんなしてパッド触ってにやにや笑うんです。

「これは何に使うんや？」

「ブラジャーの中に入れて使うもんです」

「おっぱいの偽（にせ）もんか？」

喜んだくせに、こんなの置いたら店の沽券（こけん）にかかわるから早く持って帰ってくれって追い返されて。腹が立つったらありゃしない。悔しくてねぇ。〉

トランクは重く、道は凍っていた。情けなくて西田は思わず橋のたもとで泣いた。切なく悲しい出張であった。

そしてこの苦い出張体験の後、西田は東京転勤を命じられる。

一九五二（昭和二十七）年一月、和江商事はついに本格的な東京攻略に乗り出す。東京出張所開設。西田が抱いていた「いつか東京で仕事をしたい」という夢が、入社一年を待たずして現実のものとなった。

荒野の三人

開設された東京出張所は、日本橋久松町のバラック小屋の二階にあった。道の向かいにはオンワード樫山(かしやま)の立派なビル。かたやこちらは、バラックの奥から二つめの三坪ほどの部屋が事務所である。机と棚を置くと、他には何も置くことができないほど狭い。

出張所のメンバーは西田のほかに二人いた。出張所所長の藪中謙二(やぶなかけんじ)と畑中保男(はたなかやすお)である。藪中はインパール作戦の参謀だった男で、塚本の元上官。畑中はその友人だった。戦地から引き揚げてきたものの職がなく、しばらく前に塚本を頼って来ていたのだ。であるから二人ともブラジャーには素人で知識もない。販売方法もよく知らないのだが、藪中は元軍隊長なので偉そう。最年少の西田が補いながら毎日の営業を進めていった。

問題は住むところだった。藪中は東京に家族がいたし、畑中は横浜に彼女がいてそこに寝泊まりできたが、西田には住むところがない。そこで考えついたのが出張所の屋根裏だ。天井板を剥がしてそこに木箱をばらして敷き、その上で寝ることにした。

食事には苦労した。今のようにコンビニや牛丼屋で手軽に食べ物が調達できる時代ではない。基本は自炊なのだが、西田ができるのは米を炊くのとガスコンロで魚を焼くことだけ。忙しさもあって一日一食、焼き魚と白飯だけの毎日を過ごしていたら、ビタミン不足で脚気になってしまった。体重も落ちてガリガリに痩せ、階段の上り下りさえきつそうな西田の身体に、ある時塚本が驚き、「苦労をかけて悪いな。これで精のつくものでも食べろ」と言って三千円くれた。給料が四千百円だった頃の三千円。本当にうれしかった。

屋根裏生活は大変だったが、西田は張り切っていた。まずは畑中とふたりで、浅草橋から日本橋周辺の問屋街に飛び込みセールス。

しかし、東京は競争相手も強かった。競合メーカーはたくさんあったが、老舗の半沢商店の力が強大で、特に百貨店は完全に半沢商店が売場のケースを占拠していてつけ入るスキがない。その頃の百貨店といったら神様のような存在だ。最高級のプレステージ。だから百貨店と初めて取引する運動費として、最低三百万円かかるというのが当時の常識のようになっていた。百貨店が神さまなら、仕入担当者は天皇みたいなもの。その仕入担当を誘って食事に行ったり、銀座で酒を飲んだりしながら人間関係を作る。「ちょっと自宅のトイレの具合が悪い」などと聞こえよがしに言われると、ぱーっと駆けつけて業者を入れて直す。菓子折りの中にお金を放り込んだりもする。だがしかし、和江商事のどこにそんな金があるというのだろう。とにかく飛び込むしかなかったのだ。

どこを訪ねて行っても、たいがい最初はうるさがられる。東京では和江商事など誰も知らないのだから、当然といえば当然なので、それに、悪いことに阪もの（大阪ものの意、関西で作った衣料品を当時そう呼んだ）は東京ものに比べて品質が良くないと一般に考えられていた。実際、そういうものもなかったわけではないが、和江商事のブラジャーも同じだと思われては困ってしまう。

「何しに来た」「早く帰ってくれ」「邪魔しないでくれ」と言われてもあきらめずに訪ねて行く。毎日のようにしつこく行くと、うるさがられて「また来たか」と不愉快そうな顔をされる。それでも根気よく通っていると、「またあいつ来たんか。しょうがないなあ。そこまで言うならいっぺん見てやろうか」となるのである。

何度も通っていれば、だんだん誰が仕入れの権限を持っているかもわかってくる。売場を見ていると、どんな商品が売れているかもわかる。店員と親しくなればいろいろな情報も入ってくるのだ。

〈断られてから営業が始まる。モノを売りに行くんじゃない、人間を売りに行くんだということはその頃からわかっていました。誰かに教えてもらったわけではないが、それは営業の極意だと思う。〉

苦戦が続く中で、初めて取引口座開設に成功したのは日本橋横山町の海渡商店（現・エトワール海渡）であった。ここは開拓に行ったらなぜか一発で取引してくれたのである。

「やった！　ありがとうございます!!」

海渡商店は統制品ではない装身具中心に事業を拡大していたが、昭和二十五年頃から衣料品の統制が次々解除されるや、繊維製品の扱いを増やしている最中だった。ブラジャーは、これから成長する綿製品として好意的に扱ってくれたのだ。

日本橋界隈の二次問屋の中でも、豊富な品揃えで他の追随を許さなかった海渡商店は、その週に納品した商品の代金を翌週の月曜日に全額現金で支払うという、画期的なシステムを採用していた。品物を納めても支払いは三ヵ月四ヵ月先の手形というのが普通だった時代に、これはすごいことである。和江商事のような小さな会社にとって、すぐに現金が手に入るこのシステムは本当にありがたかった。おかげで信頼して品物を出すことができた。

三愛攻略作戦

西田は銀座四丁目交差点の角にある三愛を狙っていた。

「ここ、いいなあ」

三愛は理研光学工業（現・リコー）の市村清（いちむらきよし）社長が興したファッション専門店で、若い女性を対象にして時流に乗っていた。当時は日本一の下着売り場といわれ、一階など客が押し合いへし合いするほどの混雑ぶりだった。

早速ここに通い始めるが、売り場のガラスケースの中は、例によって半沢商店やCBボンジョリーをはじめとする競合メーカーのブラジャーとコルセットが占拠している。

西田は毎日トランクを持って通った。会ってくれたのは小島（こじま）課長や今福（いまふく）部長で、行くたびに「買ってやりたいけど、見ての通りもうケースの中がいっぱいで置くとこが無いんだよ」とつれない返事ばかり。

「すいません。また来ます」

それでも構わず毎日通った。

昼間は忙しいので相手にしてもらえないが、店が閉まる直前に行くとわずかな時間でも立ち話ができる。行っては立ち話をして帰る。そんな毎日が続いた。

冬になると雪が降ってくる。そんな時には着ているコートにわざと雪をつけて行った。すると小島課長が「西田くん、若いのによく頑張るね」と言って少し時間を取って話を聞いてくれる。

そんなことを繰り返しているうちに、ようやくトランクを開けて小島課長に品物を見せるチャンスが来た。

ブラジャーを見せていろいろ説明していると、小島課長がこう聞いてきた。

「もっとレースのついたのはないのかね？」

西田は心の中で小躍りした。

〈たくさんレースのついたのを持って行けば三愛さん買ってくれると思って、「わかりました！　すぐレースのついたブラジャー作って持って来ます！」と言って京都に帰った。だけど会社も忙しいのですぐにサンプルを作ってくれないわけです。一ヵ月かかると言われる。そんなに時間がたったら小島さんが忘れちゃうと思って、一週間目に間に合わせのものを持って「これでどうですか」と行く。「西田くん、何を聞いてるんだ。こんなのレースがついているうちに入らないだろ」と。「そうですか、すみません。やり直します」

で、また何日かたって、今度はもう少し長めのレースのついた違うものを持って行って日にちを稼ぐ。

一ヵ月後にようやく本社から見本が届く。「今度はやっとできました」と持って行くと「ああそうだな」と。でも置くところがない。

「君、熱心だからなんとかしてやりたいと思うんだけど、いっぱいで場所がないんだよね。悪いなあ」でおしまい。悔しくてねぇ。〉

それでも西田は、来る日も来る日も三愛に通っていた。

ところで、その頃の百貨店や小売店は六尺のガラスケースの中にブラジャーやガードルを並べて販売するスタイルだった。お客の求めがあると、初めて販売員がガラスケースから品物を取り出して見せてくれる。出しておくと埃（ほこり）をかぶるし、ひんぱんに手で触られると汚れてしまうからだ。

一方、今となっては不思議な話であるが、当時、ブラジャーは春夏だけの季節商品だった。三月頃から売れ始め、九月になるとだんだん売れなくなり、十月になると売場がなくなる。真冬の暖房器具がこたつや火鉢くらいしかなかった時代のこと、普段は洋装で通しているお洒落な女性でも、寒くなってくるとメリヤスのごろついたシャツやシュミーズを着込んで厚着になるので、バストラインなどどうでもよくなってしまうのだ。

この頃、和江商事も京染めのシルクスカーフやマフラーを扱うようになっていた。人気女流作家の宇野千代がデザインした「宇野千代マフラー」が人気を呼んだ。

冬のブラジャー売場は、こうした防寒用のマフラーやスカーフなどの服飾用品売場に変身する。冬が終わって春が来ると、再びブラジャー売場に戻るのである。

そうなると、秋冬に使っていたスカーフやマフラー用のハンガーは集めて撤収し保管しなくてはならない。出張所の中はそんなハンガーでいっぱいになって足の踏み場もなかった。それが気になって仕方がない西田だったが、ある日、ふと妙案を思いついた。

「そうだ！　あのスカーフのハンガーにブラジャーの肩ひもをぶらさげて、それをガラスケースの上に置いてみたらどうだろう？」

ケースの中にはスペースがなくても、ケースの上は空いている。あそこだったら置かせてくれるのではないだろうか？

それを思いつくや人形町のビル（その頃は久松町から人形町に出張所が移転していた）に飛んで帰り、ハンガーと、下手な字で「見本」と書いた手作りＰＯＰを携えて三愛に駆けつけた。

「これ置かせてください！」

応対した小島課長は思案顔である。

「なるほど。考えたねえ。面白いけど売れるかなぁ？　それに一時間もしないうちに真っ黒になっちゃうよ」

「汚れたら全部わたしの責任で交換します！」

〈そしたら、あっという間に売れたんです。大和撫子はシャイなんですね。自分のサイズもわからないし、どう言って買ったらいいのかわからないし、「あれ見せて」っていうのも恥ずかしい。でもケースの上にあるもんだからもう引っ張り合いで、中のは売れないで、ボクが持って行ったそればっかり売れる。二十四枚あったのが全部売れちゃった。小島課長がびっくりしちゃってねぇ。〉

西田のひらめきが編み出した日本初のこのハンガースタイルは、ブラジャーを消費者にとって身近な商品にした。当時の女性たちはブラジャーの着用経験がなく、触ったこともない人がほとんど。まして、販売員に声をかけてガラスケースから取り出してもらうにはかなりの勇気が必要だったのだから。

売れることがわかって三愛との取引口座ができ、ハンガーも二本三本と増えていく。いつの間にか、ガラスケースの中で売るブラジャーよりもガラスケースの上で売る和江商事の方が売れるようになっていた。

ブラジャーに限らず、商品を外に出して「裸で売る」ということ自体、それまでの小売店では考えられないことだった。三愛という日本一の下着売り場で、西田が初めてやったのである。

アメリカ製ブラがやって来た

しかし、百貨店では相変わらず苦戦続きだった。

当時の百貨店は三越にしろ、髙島屋にしろ、大丸にしろ、江戸時代から続く老舗ばかりである。戦後のどさくさの中から這い上がってきた和江商事は、少しずつブラジャー生産が軌道に乗ってきたとはいえ、会社の歴史も浅いし知名度も信用もない。格が違いすぎる。

そんな中、アメリカの下着メーカー、ラバブル社が日本に上陸。国内で販売提携先を探しているという情報が入る。一九五三（昭和二十八）年のことである。

その情報を得た塚本は、すぐさま上京して中央区新川にあったラバブル工場に乗り込み、提携先として自社を売り込んだ。

ラバブル製品すべてを和江商事が扱うという独占販売権は魅力だった。保証金として百万円、さらに半年分の製品を買い取るという厳しい条件を突きつけられたが、塚本は契約を決断する。この申し出を断れば、ラバブルは他の業者と提携するかもしれない。それだけは避けたい。

ところが、ラバブルと契約を結んだ直後のこと、なんとラバブル社のすぐ裏に、米国の別の大手下着メーカー、エクスキュージットフォーム社の事務所があることに塚本は気づいた。

（ラバブルとの契約は早まったかもしれない）

不安にかられつつ、塚本はこちらにも交渉をもちかける。

エクスキュージット社は横浜や彦根の下請け工場で米国向けにブラジャーを生産していた。アメリカではすでに人件費が高騰しており、安い労働力を求めて極東の日本に生産拠点を移す動きが始まってきていたのだ。エクスキュージット社では、このブラジャーを日本でも販売したいと考えていた。

塚本は、これはチャンスだと思った。ラバブルとの契約では、和江商事が他の外資と提携することには抵触しない。

早速、エクスキュージット社のアメリカ人幹部に提携の話を持ちかけ、一緒に都内の百貨店を回ってみると、それまで玄関払いだったところがまるで魔法の呪文でも唱えたかのようにすんなり門戸を開いてくれる。戦勝国アメリカ、豊かなアメリカに対する日本人の憧れをうまく利用して、舶来のブラジャー（作っていたのは日本なのだが）も取り扱う会社として和江商事を売り込んだわけである。

二カ月もしないうちに、百貨店の売場はエクスキュージット社のブラジャーで埋まっていった。それを知ったラバブル社が怒鳴りこんできたが、塚本は「契約には違反していない」と突っぱねた。

その後、ラバブル社が独自に営業マンを雇い、横浜で商品を売り出していることが判明。こちらは明らかに、和江商事の日本での独占販売権を約束した契約に違反している。

塚本はその事実を知って激怒し、ラバブル社に乗り込んで社長の胸倉をつかみケンカとなった。西田はこの場に居合わせ、目を白黒させながら一部始終を目撃している。アメリカの会社とこんな契約が進んでいることなどまったく知らされていなかったので、何が起こっているのかさっぱりわからなかった。

この一件でラバブル社は和江商事から契約違反で訴えられ、百万円は返却。商品と工場の機械設備すべてを裁判所に差し押さえられたために製品が作れなくなり、日本での販売どころではなくなった。

エクスキュージット社のブラジャーはどうなったか。結局、米国サイズのブラジャーは日本女性の体型に合わなかった。かなり早い段階で売れ行き不振となり、百貨店から撤退することになった。

この一件があって以来、和江商事は百貨店での口座を少しずつ持てるようになっていった。新興ではあるが、インポートブランドも扱う企業という高級感のあるイメージが、百貨店にふさわしいと認められたのである。

ジュドー・サンチュールを巡る攻防

東京出張所ができて半年ほどすると、薮中と畑中はかわるがわる病気になり、いなくなってしまった。仕事がきつかったのだろうか。人形町に東京出張所が移転するまでのしばらくの間、東京の仕事は西田ひとりですべてこなすようになっていた。

この頃はとにかく忙しかった。事務所には電話番として東京で採用した女子事務員がいるが、実働部隊は西田だけ。日中は各取引先に出向いて営業をしながら発注書を書き集金をする。事務所に帰ると注文をまとめて本社に発注し、京都から届く荷物をほどいて仕分けする。それから自分で手持ちする分をより分けて、あとの得意先に送る商品は木箱に詰めて運送屋に渡す。フレアースカートの下にはくパニエが流行(はや)り、納品は多忙を極めた。

一九五三(昭和二十八)年春、川口郁雄が東京出張所の責任者として赴任し、新たに東京で採用した深沢幹弘(ふかざわみきひろ)が戦力として加わるまで、西田ひとりが東京の業務を担って孤軍奮闘したのだった。

同じ年の暮れ、八センチくらいの幅広のゴムに金具を付けた「ジュドー・サンチュール」というベルトが秋冬用の季節商品として開発され、爆発的に売れた。

ロングスカートにこれを締めると、ウエストがぎゅっとくびれてスタイルがよく見える。サンチュールはフランス語でベルト、ジュドーは柔道。柔道の黒帯からヒントを得たこのベルトは、赤、グリーンなどでも作られて和江商事の大ヒット商品となった。

三愛のある銀座四丁目交差点では、ジュドー・サンチュールを買って封を開け、その場でウエストに巻き付けていったのであろうか、彼女たちが捨てた台紙が何枚も散乱しているのが見られた。解放されつつある時代の女性を象徴するような光景であった。

三愛だけでは余るので、もう一軒どこか探そうと西田は思った。銀座だと松坂屋と小松ストアのどっちかだ。松坂屋の仕入担当課長がたまたま西田と同じ名古屋出身だったので、出かけて行った。

「サンチュールを置いていただきたいのですが」

と言うと、仕入担当課長の佐古(さこ)が受けてくれた。

「サンプル持っとるか？　じゃあ、それを全部置いていけ。検討しておくから」

検討しておくと言うのでサンプルを置いて帰ったが、経過が気になって仕方がない。二〜三日おきに二度三度と通った。これは取引してもらえるかもしれない。西田の心は浮き立っていた。

当時の百貨店の仕入担当者というのは、どこでもたいがいそうなのだが、雲上人のように威張り返っている。佐古課長もそうだった。

「毎度ありがとうございます。こんにちは！」と西田が声をかけても振り向かない。「おう」と言うだけで顔も見ないから、誰が挨拶しているのかもわかっていない。

ちょうどその時、浅草橋の有名なベルト屋・金山商店の男が、佐古の前に回って挨拶していた。後ろで西田が何気なく待っていると、そうとは知らない佐古が金山に聞いている。

「おまえなあ、この前ゴムのベルト渡しただろ。あれ、もうできたか？」

「そんな簡単にできませんよ。ゴムの織りから始めてるんですから」

なんと。

西田が渡したサンプルが、浅草橋のベルト屋に回っているのだ。西田の頭に血が上った。


〈もう腹が立って腹が立ってねえ。金山にやらせるためにサンプル置いてけって言ったんだね。それで急いでいったん表に出て。まだ顔見てないからどうしてやろうかと半時間くらい考えて、「よし」って手帳に数字を書いて出直したんです。〉

「おはようございます。和江商事です。佐古さん、この間お預けしたサンプルはもう決まりましたでしょうか？」

今度は前に回って、大きな声で挨拶した。佐古は何食わぬ顔だ。

「いや、まだ検討してる」

「あれね、実は特許が取れましてね」

「おっ」

佐古の表情が一瞬固まった。

西田はおもむろにポケットから手帳を出し、すらすらとでたらめの特許番号を言った。

特許を取られてしまっては仕方がない。佐古は観念したのだろう。

「そうか、なんとかせんといかんなあ。品物はあるのか？」

「はい。あります」

「じゃあ、取引してやるから、ひと通り納品しろ」

はったりが効いているうちにと大急ぎで納品したら、三日後にばれた。特許番号を調べられ、嘘だということがわかってしまったのだ。佐古の嘆くこと。

「馬鹿野郎！　俺をだましたな。俺は仕入課長だぞ。おまえにだまされたって部長に報告なんかできるか？　今さらキャンセルできるわけないやないか！」

高級家具で名を馳せていた小松ストアの仕入部長とも闘った。品物を納めたのに、何度集金に行っても代金を支払ってくれないのだ。二ヵ月たっても三ヵ月たっても支払ってもらえないことに業を煮やした西田は、部長が売り場に出てきた時になんとかしてつかまえてやろうと考え、客がたくさんいる時を見計らってひときわ大きな声で催促してみた。

「部長さん、集金に来ました。こないだから何回も明日来い明日来いって言って、毎日来てるんですよ。なんで金をくれないんですか⁉」

これは効いた。大慌てで半分支払ってくれたのだ。

翌日、西田は開店と同時に行って神妙な顔で謝った。

「昨日は申し訳ありませんでした。売場で大きな声を出してしまってすみませんでした」

それで向こうの顔も立った。

商売というのは続けなくてはいけないもの。そのためなら、はったりもかますが、本意ではない謝罪だってする。そんな知恵はいくらでも湧いてくるのであった。

難攻不落の三越

一九五四（昭和二十九）年十月、東京出張所は東京支店に昇格し、東京攻略に拍車がかかる。新宿の伊勢丹、日本橋の髙島屋にも取引口座を作ることができた。髙島屋の二階にあった特選売場には、「小田天皇」といわれた小田課長が幅をきかせて君臨していたが、社員はもちろん、業者にも一目置かれた髙島屋の名物課長が、西田を気に入って可愛がってくれた。

この頃、親友の服部良夫は明治大学の学生だった。西田の東京転勤を喜び、学生服姿で営業先の髙島屋によくついて行った。ひと足先に社会人になった西田が颯爽と営業する姿はカッコ良く、服部はいつも感嘆しながら眺めたという。

百貨店の女性店員にも、西田は人気があった。今なら新幹線で二時間ちょっとの東京～京都間だが、当時は夜行列車で十時間。西田が京都に出張することになって、数日間東京を留守にするなどというと、それを知った女性店員たちが見送りに集まるのである。

服部もよくホームに駆けつけて見送ったが、西田が現れるのはいつも発車直前か、発車して動き出したデッキに颯爽と飛び乗るといった具合。そんな西田に一生懸命ハンカチを振る女性たち。西田の姿があまりにサマになっているので、服部は、あいつはどこかに隠れて現れるタイミングを計っているんじゃないかと疑いたくなるのだった。

こうして主な百貨店は次々に落としていったのだが、最後まで落とせなかったのが三越である。三越は何回通っても担当者に会ってもらえない。もちろん品物も見てもらえない日々が続いた。

三越の日本橋本店の仕入窓口には、毎日セールスに来る問屋が新製品を持って行列を作っている。床に引いてあるラインに沿って皆が並び、ひとりひとり商談が終わって順番が来るのを待つのである。

毎日行くので、西田の顔は覚えられていた。そして、仕入担当者に言われる言葉も同じだった。

「もう来なくてもいい。お前のところの品物はいらない」

それでも翌日も同じように朝早くから並ぶ。だんだんと順番が近づいてくる。三越の仕入担当が西田に気づく。そして、

「おい、また来たのか。もう来なくてもいいと言ったろ。帰れ！」

と怒鳴るように叫ぶのである。

後になってわかったが、三越の仕入は半沢商店の大木専務の牙城で、つけ入る隙なくがっちり押さえられていたのであった。

三越と大丸は和江商事が最も攻めあぐんだ百貨店だ。三越は川口郁雄が東京支店長に赴任してから商談が成功し、口座ができるが、西田はついに落とせずに終わった。

後年の話であるが、西田はこの時の三越の仕入部長と大阪の心斎橋ですれ違ったことがある。谷川という当時の仕入部長に西田は呼び止められ、深々と頭を下げてこう言われた。

「あの頃はすまなかった。あなたには本当に失礼な事をした」


和江商事の売上は倍々で伸びていた。

大阪の百貨店では下着ショーを開催し大盛況。ブラジャーからスタートした和江商事だったが、コルセットやガーターベルト、ペチコート、ランジェリー、パニエと次々に新商品を開発し、この頃になるとブラジャーだけで何種類も品揃えがあった。

フランスのファッション雑誌「ジャルダン・デ・モード」の編集長マダム・ラピエールを招待しての華やかな下着ショーを東京會舘で開催し、この鳴り物入りのショーが大成功するや、和江商事の名は一躍関東エリアに知れ渡った。

西田は東京にすっかり慣れて、地理にも詳しくなり、銀座や新宿を自分の庭のように肩で風を切って歩きまわっていた。PX（進駐軍向けの売店）で手に入れた白いスーツを着込み、胸ポケットにはブルーのチーフ。キザだが似合っていた。

喫茶店が好きで、朝食はタバコとコーヒー。新宿の喫茶店は片っ端から制覇した。ジャズとタンゴが流行していた。洋画も好きだった。映画館から出てくるとジョン・ウェインやクラーク・ゲーブルになった気分でポケットに手を入れ、出す足は大股になった。怖いものなし。銀幕のスター女優とも付き合った。


久松町の天井裏生活からは、もうだいぶ前に解放されていた。塚本が三鷹にある知り合いの家を紹介してくれたのだ。ところが、しばらくすると大家の息子が帰って来るので出てほしいと言われる。

「ボク、どこへ行けばいいんでしょう？」

吉祥寺にある井の頭公園の奥に、井の頭弁財天を祀る寺がある。大盛寺という。そこで学生を下宿させているという話を聞いた。ただし「下宿生は東大生に限る」というのである。敷居は高いがなんとかなるかもしれないから、行くだけ行ってみようと考えた西田は、入社後間もない深沢幹弘を引き連れて寺を訪ねた。

出てきたのは奥さんで、しばらく話をするうちに奥さんはすぐに西田に心を許し、すんなり西田たちの下宿を承諾してくれた。数日前に映画館で見てきたばかりのフランス映画『天井桟敷の人々』の話になってすっかり意気投合したのだ。

当代一のパントマイマーであるジャン＝ルイ・バローの台詞「人生が芝居か、芝居が人生か」を西田が持ち出して「あの言葉はよかったですねえ！」と褒めると、奥さんはわが意を得たりと大喜び。

「あら、あなたもそう思った？　わたしもそう思ったの！」

たぶんこれが効いた。東大卒どころか西田は高卒。しかしここぞというところではテストの点数ではなく人間力がモノをいうのである。

下宿した初日の夕食には見たこともない大きなトンカツが出た。これは奥さんのサービスだったかもしれない。うれしくて貪るように食べた。当時、トンカツはめったに口に入るような代物ではなかった。

この寺には一年くらいいた。

夜遅く帰ってきて、疲れた体を公園のベンチにもたせかけ、見るともなく井の頭池を眺めていると、池の奥から湧き出る水が、係留されているスワンボートをゆらゆらと揺らしている。辺りは街灯もない漆黒の闇。湖面には霧が立っている。その中を白いスワンだけが静かにたゆたっている。夢のように幻想的で美しかったその光景を、西田は今も時々思い出すことがある。

東京生活に区切りを

このように、仕事はうまくいっていたが、東京生活が三年たつ頃、西田の気持ちに次第に変化が起き始めていた。

日本橋の人形町界隈には繊維会社や呉服屋が多く、八幡商業を卒業した先輩や同期が何人も働いている。仕事が終わると、みんな近くの銭湯にやって来て、互いに仕事の話などをする。西田も会話に加わるのだが、そのうちに会話の中に入って行けない自分がいることに気付いた。

友人たちは繊維の相場の話をよくしているが、「サンマルノミコなんぼやった？（三本撚りの糸がキロいくらだった？）」などと言うのを聞いてもさっぱりわからないのだ。

自分は和江商事の製品を東京中持ち歩いて売っているが、その生地の材料の相場などまったく知らない。製品がどうやってできているのかも知らない。誰でもできるような営業トークをしているだけだ。こいつらの会話は進んでいる、このままでは自分は負けてしまうと思うようになった。

高卒で就職した西田であるが、本心は大学に行きたかった。空襲で名古屋の実家が焼ける被害に遭ったために進学をあきらめたのだ。

進学できなかったことは西田の密かなコンプレックスであった。硬派で負けず嫌いな西田であるから、人に遅れをとるのは我慢ならない。だから「大学に行ってる奴には絶対に負けたくない」という思いが強かった。

一時期は、働きながらお茶の水の夜学に通って早稲田大学を目指したこともある。ところがどうしても昼間の疲れが出て、最前列に座りながら居眠りしてしまう。しばらく勉強を続けてみたものの、進学はあきらめざるを得なかった。

西田は考えを変えた。

〈人が大学で勉強している間に、ボクは商売のほうで一番になってやろうと。そう考えるようになってから、ようやく大学のことは思い切ることができたんです。〉

商売で一番になろうと思い定めていた西田としては、同級生たちの成長ぶりを座して見過ごすわけにはいかない。しかし、遅れをとっている自分に焦りを感じるばかりでどうしたらいいのかわからない。

そんな時、ふと立ち寄った書店で『セールスエンジニア』という本を見つけた。何気なく立ち読みを始めた西田は、その中のある部分に自分のもやもやの核心をジャストミートされる。本にはこう書かれていた。

「モノを売るためにはエンジニアにならないといけない。製品の素材原料から製造工程までちゃんと知って売るのがこれからのセールスだ」

これだ！

心を決めた西田は川口支店長の所に行って頭を下げた。

「お願いします。ボクを京都に帰らしてください」

川口郁雄は物のわかった上司だ。転勤願いを出すと、すぐに辞令が下りた。西田の思いを察してくれたのだろうか。一九五五（昭和三十）年十月のことだった。

二十歳から二十三歳まで三年九ヵ月の東京生活。仕事も遊びも、寝る間も惜しんで存分にやり切ったと思う。西田に未練はなかった。

妻との出会い

京都本社に戻ってみると、和江商事は大きく変わっていた。入社した頃は社員わずか十名ほどの会社だったのに、帰ってみると本社工場、下鴨分工場に東京、大阪支店など三百人近い従業員を抱える中堅企業となり、その事業はますます拡大しようとしていた。八商の担任だった木本寛治が教師を辞めて和江商事に転職していた。大橋秀夫（おおはしひでお）、奥田喜代志（おくだきよし）、鎌倉章（かまくらあきら）、田辺義苗（たなべよしなえ）と、西田の同級生四人をよそから引っ張ってきていたのには驚いた。

帰ってきた西田は、生産部長をしていた木本寛治の下で下請けの生産管理の担当をすることになる。

生産管理の仕事をする中では、もの作りの基本を一から教えられた。ブラジャーを作るための企画、パターン製作、材料の手配、サンプル作り。それらを何度も修正して最終パターンとサンプルを完成させる。

ひとつのブラジャーを作るには多くの資材が必要であり、生地や資材が揃ったところで縫製があり製品が完成する。西田はすべての工程に携わった。東京で念願した仕事であった。

この頃の和江商事の躍進ぶりはすさまじい。増産に次ぐ増産で本社工場では生産が追いつかなくなり、北野天満宮の裏の閉鎖になった蚊帳工場を買い取って改造し、新しい縫製工場を作る。西田は現場監督になり、三ヵ月間住み込んで仕事をした。

やがて完成したこの北野工場で、西田は外注下請け担当となる。そしてここで出会ったのが、後に西田の生涯の伴侶となる駒井久美（こまいくみ）であった。

久美の実家は下鴨で縫製工場を営み、和江商事の下請けをやっていたが、兄が塚本幸一と親しい間柄だったことが縁で和江商事と合併し、従業員とともに和江商事の社員となっていた。そんな時、北野工場の完成に伴って、下鴨の工場も北野に集結されたのである。彼女はここで、下請けも含めた工場の技術指導を任されていた。

当時はまだ縫製技術というものが十分に確立されていなかった。ミシン自体も本縫いしかできないような代物だし、縫製する女性たちのミシンの扱い方にもばらつきがある。

これではいけないと考えた久美は、ミシン屋に勤めていた自分の甥を連れて来て和江商事に入れ、ミシンの改造や部品作りを工夫させて、誰でも均一な製品が作れるような技術を開発していった。

また、下請けを束ねていた久美は、ひんぱんに起こる本社と下請けとの揉め事にいつも毅然とした態度で臨む姿が際立っていた。

木原光治郎は品質に非常に厳格である。下請け工場で縫製工がちょっと雑な扱いをすると、ブラジャーの形が崩れてしまって商品価値が下がる。そうすると縫製指導の久美がぼろくそに怒られる。しかし久美はいっさい口答えせず、下請けの顔が立つように丁寧に指導するので、みんなから慕われていた。

縫製工場では不良品がつきものだが、それもみんな久美の責任になる。木原が怒鳴る。

「なんちゅう指導の仕方をしとるんや」というわけだ。

「不良品が出てるのに金なんか払えるか」

と木原は下請けへの月末の支払いを拒んだりもする。

しかし、久美は一歩も引かない。

「ミシンが五百台もある工場で不良品が出るのは当たり前のことです。それは計算のうちです。お金はきちんと払っていただきます」

就職難の時代だというのに、自分の社員生活を犠牲にするのも覚悟で下請けを庇う久美を、西田はそばで見ていた。そして人としての懐の深さに惹かれた。


〈自分が何かに打ち込もうと思ったら、伴侶となる人は家庭のことは一切任せられる人でないと、と思っていた。こういう心が広い人となら、自分が責任を持って死ぬまで添い遂げられる、そう思って結婚したんです。〉

北野工場では、その頃三百人以上の女性縫製工が働いていた。東京の百貨店で女性店員から絶大な人気のあった西田である。京都でも、もちろんみんなに好かれた。西田の結婚にがっかりした女性はさぞ多かったろう。

一九五七（昭和三十二）年秋、北野天満宮で西田と久美の結婚式が挙行された。仲人は塚本社長が務めてくれた。西田は二十六歳になっていた。痩せてガリガリだったので洋服が合わず、週刊誌を二つ折りにして胸に入れた。バストパッドの代わりであった。

披露宴の会場には、京都の老舗イノダコーヒ本店を選んだ。和江商事の本社からほど近く、ここは、昔から西田のお気に入りの珈琲店であった。

異能のデザイナー堀江昭二

さて、久美と結婚する少し前、その頃住んでいた本社工場二階の独身寮で、西田はひとりの奇妙な男と知り合う。

デザイナーの堀江昭二(ほりえしょうじ)。後に西田の生涯の盟友となり、共にカドリールのブラジャー作りに精魂を傾けることになる男である。

堀江は西田の二年後輩で、前職は船の内装設計を手がける設計士だった。金沢の工芸高校を出て、神戸にある三菱重工の造船所に勤めていたが、持病の喘息が悪化して仕事を辞め、ぶらぶらしている時に、勧める人があって和江商事に入社したといういきさつがある。

披露宴を行ったイノダコーヒ本店には、今もよく足を運ぶ

船と下着ではまったく畑違い。最初はとんでもないと思ったらしい。

「入ってみると図面の図の字もわからない若い女の子が、わけのわからん型紙作っとんねん。話にならんで。それを見た時に、こんなんやったら俺がやった方がだいぶましやと思ったから入ってん」

設計士だった堀江は図面を描くのが抜群にうまく、フリーハンドで一ミリの誤差もなく下着のデザイン線を引く。その頃はブラジャーの型紙といってもお粗末きわまりないものだったから、それを見た堀江の持ち前の図面屋魂がむくむくと頭をもたげてしまったようだ。

黎明期の日本のブラジャーはカップサイズがひとつしかなく、脇布の長さだけを変えてS・M・Lとしていた。作る方もよくわからないのである。しかし、SでもMでもLでも合わない人がいる。どうやらカップサイズがいろいろ必要だというのが判明してくるのはだいぶ後になってからのことで、この頃は見よう見真似の、ただそれらしい形をしていたというだけのもの。ブラジャーを買ってみたものの、サイズの合わない女性はさぞ悩ましかったことだろう。

ブラジャーは奥が深くて難しいと西田は考え始めていたし、堀江もすぐにそのことに気が付いた。

西田のリーダーシップは健在である。独身寮では寮長を任されていた。

ひどい喘息持ちだった堀江は、夜中によく咳をする。それが結核の咳と勘違いされ、同僚たちの誰もが堀江と同じ部屋で生活するのをいやがっていた。

理不尽が大嫌いな西田は例によって義憤にかられてしまい、彼らを一喝する。

「言われている本人がどんな気持ちがするか、おまえらにはわからないのか！　だいたい人に病気を伝染すような人間を社長が採用するわけないだろう。堀江はボクの部屋で一緒に生活させる。それなら文句ないよな」

このひと言が堀江にはどんなにうれしかったろう。

こうして西田は堀江と同室となり、よくこの後輩の面倒を見た。食事の時もいつも一緒。外食すれば西田が奢る。同じ部屋で寝起きしながら、夜遅くまで、もっと良いブラジャーが作れないか、今のサイズでいいのか、客から寄せられるクレームのことなどを話し合った。

芸術家気質というのか、偏屈で変わり者の堀江には友人がいない。西田はそんな堀江の唯一の友人であり兄のような存在になった。

本社の一階にあったデザイン室で堀江はいつも仕事をしていたが、そんな堀江を誘って西田は大阪の百貨店によく一緒に出かけた。

〈お客さまの生の声や、派遣社員がお客さまから吸い上げた声を聞かせてもらいなさいと連れて行ったんです。あなたが目標としなければいけない仕事がわかってくるはずだと。下着は形を作るだけじゃダメ、フィットしないといけないんだよと。〉

ブラジャーは形がそれらしければいい訳ではない。デザインだけ追いかけていても身体に合う商品を作らなければどうにもならない。フィット感が一番大切なのだ。うちの会社はこの問題をどうやって解決するんだろう。とにかくそのためにはもっと研究が必要だというのが、ふたりの一致した意見であった。

「ケンカしい」返上？

本社工場で生産の仕事を覚えた西田に、やがて大阪支店販売課長の辞令が下る。

この大阪時代には、在庫の責任を取らされ降格されるという苦い体験をしている。着任してすぐに棚卸があり、在庫と帳簿が合わないことが発覚したのだ。その責任は前任者にあると主張したが通らず、現職の課長として責任を取らされた。和江商事は一九五七年十一月、社名をワコールに変更。塚本幸一、中村伊一など経営陣は在庫管理には特に厳しかった。

大阪支店では二年ほど働いたが、しばらくすると今度は京都支店に転勤となる。さらに、その管轄で名古屋出張所へ。

名古屋に所長として赴任した西田は、平日は名古屋の社宅で過ごし、土曜日の夜に京都市伏見区桃山の自宅に帰るという単身赴任生活を送ることになった。

名古屋は西田の出身地である。名古屋弁が使える。西田は俄然、水を得た魚となって生き生きと泳ぎ回った。

「課長さん、そんなとろいこと言わんと、やってちょーだいな。これやってもらわんと、社長に毎晩やいやい言われるんだわ」

名古屋弁でモノを言うと、いっぺんに取引先の警戒心が取れる。名鉄百貨店、オリエンタル中村屋、松坂屋と、西田はみずから通って営業し、売上を伸ばした。

売場で何月何日くらいにケース替えをやるか、あらかじめ前年のことを調べておく。百貨店が今年はどうしようかとプランを考えている時に、こちらから提案を持って行く。そうすると先方も喜んでくれ、売上もずいぶん違ってくるのだ。

催事計画なども前もってこっそり教えてもらい、それに合わせて戦略を練り商品を集めたりもする。供給が需要に追いつかない京都本社では商品が取り合いで、他の支店に負けじと奪い合うのが日常茶飯事だったが、西田はこうした取り合いでも、どこの誰よりも先に多くの品物を確保して催事を派手にやった。

ところで、子供時代から中高と、あれほど派手にやったケンカは社会人になりすっかり鳴りをひそめたかというと、そういうわけでもなかった。

東京時代には進駐軍の酔っぱらった米兵相手に危うく大立ち回りになるところまでいったし(日系二世の憲兵が止めに入ってくれなかったら危なかった)、大阪時代はタクシーの運転手相手に口論して、殴り合いになった。どちらも西田から仕掛けたケンカではない。それでも、大阪の時は本社に知られて騒ぎになってしまった。

そして、ここ名古屋でもこんなことがあった。

名古屋駅前の広場で、西田の乗った会社の車にタクシーが後ろから追突してきた。ちょうど仕事が終わって、京都の家に帰ろうとしていた土曜日の夕方のことである。運転していたのは若い部下だった。

自分で追突しておきながら、タクシーから「この野郎!」と言って出てきたのは、顔に絵にかいたような三日月形の傷がある運転手。ちょうど夏で、ぱっとシャツの胸を広げたら、外国人かと思うような胸毛の毛むくじゃら。腕は丸太ん棒のよう。それが「この野郎」ときたもので、運転していた部下は真っ青になった。

そこで西田が出て行った。

「なんだ。どうしたんだ？」

「車がぶつかるような運転をしやがってこの野郎！」

運転手はわめく。そんなことを言ったって、ぶつかってきたのはタクシーの方なのである。

「馬鹿野郎！　ぶつけてきたのはお前だろう！」

西田は勢いでケンカするタイプ。すかさず三発ほど殴りつけた。身体も細いし優男の西田は、一見してケンカが強いようには見えない。だからこんな奴が向かってくるからにはよほど強い奴なんだろうと相手が思ってしまう。思わせる。


〈それでずっと勝ってきた。先手必勝なわけですよ。バンバーンとやっちゃって負けかかったら逃げるわけ。名古屋の時も、絶対こんなとこでやったら、その辺に警察がいるだろうから止めに来てくれると計算してやってる。ケンカ慣れしてるからその辺はわかるわけです。ここだったらケンカしても大丈夫だなと。〉

案の定、名古屋駅前のロータリーはたいへんな人だかりで大騒ぎになり、巡査が駆けつけて来た。

〈これが最後のケンカです。

絶対言うなよと部下に言ったのに、その晩のうちに京都の方まで伝わっちゃった。そしたら次の週の初めに社長に呼ばれて、急用かなと思って名古屋の店をほったらかして行ったら怒られた。「いったいいつになったら大人になるんだ」って。〉

以後、殴り合いはしていない。

3 どん底時代を経て、創業へ

ワコールを去る

西田所長率いる名古屋出張所は月ごとに営業成績を上げていた。塚本に叱られはしたものの、西田は絶好調であった。

そんな折、京都に嫁いでいる一番上の姉から、息子が新しい会社を興すので一緒にやってくれないかと持ちかけられる。仕事は面白く、業績はうなぎ登り。辞める気などまったくないどころか、ワコールに骨を埋めるつもりでいた西田は困惑した。

しかし、十八歳上のこの姉には恩があった。西田の名古屋の実家が焼け出されて困窮している時、疎開先に食料や衣服、日用品などを頻繁に届けてくれ、戦後の一時期は姉のおかげで一家が生活できたようなものだったのだ。

「やっぱり恩返しをしなくてはな……」

西田は姉の願いを受け入れる。後ろ髪を引かれる思いでワコールを退職し、甥が立ちあげた新しい会社に転職することにしたのだ。

ワコールではかなり慰留された。京都支店長の柾木平吾は「申し訳ない、私がもう少し君のことを考えていれば」とまで言ってくれた。送別会も開いてくれ、東京時代に世話になった川口郁雄からは餞別(せんべつ)までもらう。一九六二(昭和三十七)年のことであった。

しかし、これが転落人生の始まりだった。

新しい会社は西ドイツのヘキスト染料会社の樹脂パウダーを輸入する代理店で、この西ドイツの会社は染料などを製造する化学製品業界では世界の五大メーカーのひとつといわれていた。西田の仕事は営業で、ここでも一から始める開拓の商売。ワコール時代もそれで苦労していたから慣れている。

ところが一年もたたないうちにいやな噂が流れる。帳簿が合わないことで、西田が営業用のサンプルを売り歩いて小遣い稼ぎをしているのではないかと上司に疑われたのだ。

「冗談じゃねえや」

あらぬ疑いをかけられ、頭にきて西田は即座にこの会社を辞めた。辞めたくもないワコールを辞めてまで来てやったのにという思いが強いだけに、疑われたことに腹が立って仕方がなかった。

ワコールに三月いっぱいいいて、新会社を辞めたのは十二月だから、たった八カ月間の転職だった。

どん底の困窮生活

さて、貯金もないのに後先も考えず辞めてしまったので、西田一家の生活はあっという間に窮地に陥った。辞めたとたんに家族四人を支える金がなくなる。

早く仕事を探さねばと、毎日、新聞の求人欄を見るが、家族四人の生活費が稼げる仕事は容易にみつからない。月に五万円は必要だというのに、ひとりふたりが生活するのがやっとというような給料しかもらえない仕事ばかりだ。

そのうち新聞をとる金もなくなり、行き詰まった。うろうろ知り合いを訪ねて何か仕事はないだろうかと聞くのだが、ない。西田は親戚や知人を訪ねては金を借り歩いた。

本心はワコールに戻りたい。まだ辞めて一年もたっていないし、なんとかしてもらえるかもしれない。西田は意を決して、八商時代の恩師でもあった木本寛治の家に電話をかけた。木本はこの頃、副社長になっていた。

しかし、出るのはいつも奥さん。西田は何も言えない。

「先生お元気ですか。よろしくお伝えください」と言って電話を切る。

先生が出てくれないだろうか、そうすれば男同士の話ができるのにと思うが、二度とも奥さんしか出てくれず、伝えたかった「ワコールに戻りたい」という気持ちはもう押し殺すしかなかった。男のメンツ。西田は誰もいないところでひとりで泣いた。

かつて世話になったワコールの川口郁雄宅にも出かけ、金の無心をした。事情を話し、「金を貸してください」と頭を下げる。

目の前には川口夫妻が座り黙って話を聞いている。しばらくすると、ふたりして席を立ち台所で何やらひそひそと立ち話をする。そして西田の前に座り、「うちにはお前に貸す金はない。だが、渡す金はある」と十万円を封筒に入れて渡してくれた。涙が出るほどうれしかった。

川口にはワコールを退社する時にも餞別をもらっていた。翌年、金を返しに川口家を再び訪れた時には、「もう返さんでもいいのに」と言ってくれた。川口郁雄はそういう人間だった。

この頃、食いつめながらも西田はこう思っていた。

(下着関係の仕事だけはやるまい。ワコールで身に付けたことを自分の商売でやったりしたら、恩のあるワコールに弓を引くことになるからな)

市営団地の家賃が払えなくなり、管理人が毎日、隣近所に聞こえるように大きな声で催促しに来る。

「いつになったら払うんや。早う出て行けー」

妻の久美は内職をしているが、それはふたりの子供をなんとか飢えさせないため。西田は妹の結婚資金や弟の預金などを「すぐ返すから」と言っては借り、すべて生活費に使ってしまっていた。

しかし、状況は悪化の一途をたどるばかりで、西田はいよいよ追いつめられてしまった。もうこのままではどうしようもない、死ぬしかない。

ある日、ついに西田は久美に一家心中しようと持ちかけた。

「もう俺にはどうすることもできない。一緒に死んでくれないか」

久美は下を向いてしばらくじっと考えていた。それから、はっきりとした声でこう言った。

「わかりました。では、もう三日間だけよく考えてください。もし三日たってもあなたの結論が同じだったら、一緒に死にましょう」

西田は妻のためらいのない言葉に驚いた。死んでくれと言ったのは自分だが、まさかここまであっさり、死んでもいいと言われるとは思っていなかった。なんと腹の据わった女性なのだろう。

三日目の夜明けが近づいてきても、まだ西田はぐずぐずと思い悩んでいた。満足に妻子も養えない今の状態がやはり辛くてたまらない。明日食べる物もないかと思うと、自分の不甲斐なさが情けない。死んだら楽になれる、楽になりたい。

ふと、西田の耳元で誰かの声が聞こえた。

「神様が人のために働く人間を殺すはずがない」

それは八商時代に通った近江兄弟社の教会のバイブルクラスで、あのウィリアム・メレル・ヴォーリズが語った言葉だった。

突然、その時のアメリカ人の手の感触が蘇ってきた。柔らかく温かく西田の手を握り、包みこんでくれた神の伝道師。英語がうまくなりたくて必死に頑張っていた頃のことだ。

「おまえは自分のことしか考えてない。なぜ人のために働かないんだ」

そうだ。もう何も自分には打つ手がないと思い込んでいたが、本当にそうだろうか？

そもそも自分は命を捨てるほどの覚悟で何かやってきただろうか？

ただ困った困ったと言うだけではなかったか？

自分はなにか考え違いをしていたんじゃないか？

人のためになぜ働かないんだ。生きているのはそのためなんだろ？

住んでいる伏見区桃山の市営団地の上にかかっている雲は、もうずっと鉛のように重くどす黒かった。のしかかる雲の下、重圧に耐えられない思いで過ごしてきた日々だった。

なのに西田の思考が転換した瞬間、さっと雲が晴れ、真っすぐに差し込む一筋の光が見えた。

夜が明けたと思った。

金はないから頭を使う

それからの西田は、必死で仕事を求め奔走した。

ある時、義兄の家に二度三度と金を借りにいっているうちに知り合った同じような境遇の男が「西田さん、一緒に何かやりませんか」と持ちかけてきた。

西田が何度も金の無心に来るものだから音を上げた義兄が、以前こんなことを言っていたのを西田は思い出した。

「京都の市田（いちだ）という繊維商社の知り合いを紹介してあげるから、いいものがあったらサンプルを持って行け。そしたらなんとかしてもらえるよう話しといてやるから」

その当時、岐阜の駅前に繊維の一大問屋街があった。岐阜は織物の産地なのだ。あらゆる衣類が集まる場所だから、そこに行ったら何かできることがありそうだ。西田たちは連れだって岐阜の繊維問屋街に出かけて行った。

問屋街でよさそうな女性用シャツブラウスのサンプルを見つけて、それを借りる。市田に持って行ったらすぐに買ってくれたので、とりあえず岐阜の店にそのブラウスを五百枚発注した。

しかし、発注したはいいが、先方から「あんたとは初めての取引だから、支払いは月末で現金だよ」と言われる。

えらいことになった。現金払いと言われても、西田たちは支払う金を持っていないのだ。ワコール時代の名刺を見せて「自分はあやしい人間じゃないから」と先方を言いくるめ、とにかく縫い子さん総動員でブラウスを五百枚作ってもらって市田に納めた。

当時は三カ月の手形決済が通常のやり方だ。だが西田にとって幸運なことに、市田では支払い時に手形か現金かを選ぶことができた。ただ、現金の場合は八パーセント割引かれることになる。

「八パーセントか、きついねえ」

急いで計算する西田。それだけ持っていかれたらマージンがどれくらい残るか。八パーセントでもいいいや、なんとか儲かる。素早く現金をもらってすぐに岐阜に走って支払いを済ませ、またもう一回、今度は三百枚注文して……というのを三回やった。息詰まるような自転車操業である。

　そして三回目の取引が終わる時、市田からは「もうこれで最後だよ」と引導を渡された。

「もういいだろ。義理の兄さんの顔は立てたよ」ということだったのだろう。

　元ワコールの下請け工場だった彦根の千鳥産業にも助けられた。千鳥産業はワコールとうまくいかなくなって、下請けをやめた後に倒産したのだが、馴染みだった川瀬という女性オーナーが、何とか生活を支えるために下着なんかを作って商売をしていた。

「西田さん、どっか売るところがあるんだったら、ウチの商品も作ってよ」

と言ってくれたので、大阪天満橋にある繊維問屋の川島産業というところに売りに行った。

大阪までの電車賃にも窮していたので、ワコール時代の古い定期券を使い京阪電車にただ乗りして行くような日々だったが、ただ乗りでつかまったらその時だと開き直るほど、西田は必死だった。

　そうしたら、これが百ダース売れた。売れて喜んだ西田が集金に行くと、明日来てくれと三日間はぐらかされた。

　そして何日も通った挙句に言われた言葉が、

「西田さん、悪いなあ。社長が逃げた」

商品の段ボールが積んであったので、西田はすっかり安心していたのだ。実はこれが全部空箱であった。仰天してどこへ売ったんですかと聞くと、寺内通商という問屋だという。西田はそこへ訪ねて行った。

「あれはボクの納めた商品ですから、ボクにお金をください」

「とんでもない。一ヵ月もたってから集金に来たって、ウチはもうとっくに払ってる」

今頃何を言ってるんだと逆に怒られ、西田はすっかりしょげてしまった。

「実は、川島産業の社長に騙されて逃げられたんです」

事情を説明すると、寺内通商の担当は、そら可哀そうにと同情してくれた。

「じゃあ、今回はだめだけど、同じ商品を注文したら作れるのかい?」

「やります」

寺内通商は沖縄に商品を輸出していた。沖縄がまだ日本復帰前だった時代である。担当課長の浦崎(うらさき)は沖縄出身だった。輸出ならワコールの売場を荒らすわけではない。そのあたり西田は律義であった。

再び下着の世界へ

寺内通商の沖縄輸出でようやく息がつけるようになったある日のこと、西田の自宅をひとりの男が訪ねてきた。野村（後にルシアン）の常務だという。

京都の「野村」と言えば、当時「吉忠」と勢力を二分する繊維商社で、レースや生地を手広く扱い、社長の野村直三（のむらなおぞう）は京都の長者番付で上位に名を連ねる実業家だった。ワコール時代、野村でブラジャー用のレースを買いつけていたから、野村のことは西田もよく知っていた。

いったい何事かと話を聞いてみると、今度、野村で新しく「ルシアンFG」というファウンデーション（女性下着）の会社を立ち上げるという。野村にはファウンデーション業界のノウハウがないので、ぜひとも西田に手伝ってほしいというのである。

「西田さん、うちでブラジャーを一緒にやってもらえませんか？」

とんでもない、西田は言下に断った。

「ボクはワコールでお世話になったのに無理を言って辞めた男です。他の会社で下着の仕事をするわけにはいきません。それだけは男の操を通すつもりですから勘弁してください」

「何ゆうてますの。私はそのワコールの塚本さんから紹介されて来たんですよ」

常務に言われて西田は驚いた。

よくよく話を聞いてみるとこうだ。

和江商事がまだ小さかった時代から、野村社長は取引相手の若い塚本をたいへん可愛がって応援していた。そのうち塚本のワコールがファウンデーション事業でたいへんな成長を遂げる。そのすさまじい伸び方をそばで見ているうちに、野村はうちもファウンデーション事業に一枚嚙みたいと考えたらしい。

そこで塚本に相談を持ちかけた。

「お宅の社員で仕事のわかる人物を紹介してくれないか」

塚本にすれば、自分のところの社員を出すわけにはいかないが、世話になっている野村社長の申し出をむげに断ることもできない。その時にふと思いついたのが西田のことだった。

「そうだ。何年か前にウチを辞めた西田がおるやろ。あいつを紹介したらどうやろう」

そこで野村の常務が、ワコールから西田の住所を教えられて尋ねてきたというわけだった。

西田は思った。

〈なるほど。塚本さんの紹介ということなら、やらんわけにはいかんわな。許しが出

たんなら、ボクは下着の仕事をやってもええんやな。〉

それに、塚本からの話だということが本当なら、逆に、ワコールにお世話になった恩返しができるではないか。

この頃、西田がやっていたのは例の岐阜の問屋街の店から安いブラウスやズボンを仕入れてバイクに積んで売り歩く仕事。それに沖縄輸出である。

妻に相談してみると、大きい会社に勤めて世間を広げてみるのはいいことだと勧められる。

「今の仕事はいったんストップして野村さんを手伝ってあげたら？」

それもそうだなと西田は思った。沖縄輸出はやめるわけにいかないので、一週間に三日だけ野村を手伝うことにしようか。

野村の新しいファウンデーション会社、ルシアンFGは大阪の本町にあるというので行ってみると、なんと寺内通商のすぐそばであった。これは近くて便利だ。

会社には、野村直三社長以下六人ほどの役員がズラリと揃っていた。直三社長の息子の直晴（なおはる）が、勤めていた住友銀行を退職して新会社の社長の座に就いており、西田は早速役員室に通されて、役員たちの前で下着業界の話をしてくれるよう頼まれる。

その頃、西田の頭には鮮明な業界の地図が入っていたから、先方が質問することにはすべて詳細に答えることができた。

野村の役員たちはこう考えていた。野村では、彦根にいくつもあるブラジャー工場に材料の生地やレースなどの素材を大量に売っている。だからその代金の代わりに、出来上がった製品をもらって量販店に卸せばよい。昭和四十年代といえば、ダイエーや西友、ジャスコといった量販店が破竹の勢いで市場を駆け上がっている時代だった。

西田は、それでは話にならないと反対した。

「彦根の工場は同じものを日本中のスーパーに売っている。そこの商品をもらってまた野村で売るなんて、そんなことをして他社に勝てると思いますか？　少なくとも野村のマージン分は高くなるんですよ」

「それではどうしたらいいんです？」

「野村さんはレース屋でしょう。レースのない下着はないんだから、自分のところでオリジナルの商品を作ればいいじゃないですか」

「しかし、そう言われても、ウチにはそんなノウハウがまったくない」

「そんなこと、わたしが全部お教えします」

西田の答えは明快だった。野村直三は西田の話が気に入った。

翌週、西田が再び大阪のルシアンFGを訪ねると、ファウンデーション部門の責任者として西田のために机と椅子が用意されていた。給与辞令と京阪電車の定期券に名刺まで出来上がっており、すっかり社員扱い。野村の熱意に、週三日だけのお手伝いというわけにもいかなくなった。

野村には、ブラジャーを作るために必要な材料のこと、どこへ行ったら何を買えるか、型紙の起こし方、どこの工場で縫製すればよいのか、何ひとつわかっている人間がいなかった。そもそも役員自身が、ブラジャーはどうやって使うものかということすら知らない有り様なのだ。西田はワコール時代に知っていたデザイナー二人が退職していたのを呼んで来てもらい、野村が新しく採用した女性二人の計四人でデザイナー室を作った。パターン作りは西田の妻・久美が内職で手伝う。縫製は京都にある安田商店の下請けで半沢エレガンスの製品を縫っていた工場に頼み、工場長には、後にカドリール副社長になる長谷川英温(はせがわひではる)を誘い込んだ。

長谷川は西田がバイクで行商をしている時に知り合った男だ。なぜか長谷川に懐かれていた西田は親分っ気を出し、「今度なんかやる時は声をかけるわ」と話していたのだ。長谷川の自宅には野村から買ってもらったミシンを入れ、サンプル工場も兼ねた。

仕事を始めるにあたって、西田は野村直三に頼み込まれていた。

「うちの息子をなんとか男にしてほしい」

西田はワコール時代に身に付けたファウンデーション作りに関わるすべてを惜しみなく教えることでそれに応えた。

この時、西田が強く意識したことがあった。せっかく塚本からチャンスをもらってこの世界に戻ったのだから、ワコールの名は絶対に汚すまい。「さすがはワコールにいた西田だ」と思ってもらえるような仕事をして、塚本社長に恩返しをしたい。

ルシアンFGには三年ほどいた。

しかし二年ほどたつ頃から、西田の思いは次第にルシアンの事業方針から離れていく。当時は量販店が低価格で下着の大量販売を始めた時代。西田が重要視していたオリジナル性、品質、着用感などということよりも、手っ取り早く大量生産した安価なものが簡単に売れて金になる。ルシアンで量販店向けの商品を作っているうちに、やはり量販店向けの値段設定ではいい品物ができないということがわかってきたのである。これは西田にとって辛いことであった。

〈この原価でモノを作ろうと思ったら、自分が本当に作りたい、いい商品はできないと気がついた。人の金では思うようなモノは作れない。やはり自分の金でないと。ワコールで初めてブラジャーを作った人間だというのに、よその会社でこんなことをやっている場合じゃない。独立して自分のオリジナル商品を作る力を早く身につけなくては男じゃないと思うようになったんです。〉

どん底のみじめな暮らしから這いあがり、ルシアンFGでファウンデーション作りの陣頭指揮を取るようになって三年たっていた。

この頃、服部は東京で、ブリーフケースを小脇に抱えた西田が、颯爽と隅田川沿いに建つ野村の東京出張所に入っていく後ろ姿を何度か見送ったことがある。長い苦悩の時代を経て久々に見るその自信に満ちた姿は、ワコールの東京営業所で野生馬のごとく生き生きと駆け回っていたかつて西田を思い出させるに十分であった。

ついに、西田は心を決めた。

「野村を辞めて会社を興そう」

折しも、自ら開発した商品が大ヒットし、大きな業績を上げたことも自信につながった。

それは、縁がレースになっている日傘の布をヒントに考えついたブラジャーだった。

〈あの日傘の布というのは反物になっている。その反物が野村の本社の階段にいっぱい並んでた。倉庫に入りきらなくて常にあるわけです。綺麗な柄だなあ、何か使い道はないかなあ、でもブラジャーには柄も大きいし穴も大きすぎる。それを見ているうちにひらめいた。

東洋紡出身の谷口(たにぐち)さんに「傘の反物の柄は小さくできないんですか?」と聞いたら、それはなんぼでも、絵さえ描いたら大きくも小さくもできますよという。サブロク幅のところにカップが何枚とれるかな。六枚入るな。じゃあ六本(柄を)描いてくださいと。

このアイデアはボクが世界で初めてやったんです。東洋紡のシャツのブロード生地、これが当時ブラジャーの定番生地だった。その生地に柄を描いてもらって刺繍してもらった。それを自動ミシンでカットしてブラジャーのカップとショーツの前に使った。それにレーシーブラという名前をつけた。そしたら一週間もしないうちに東京のエトワール(エトワール海渡)さんから電話がかかってきて、「レーシー、うちにも出してください」と。

このレースのボーダー(ふち飾り)は今では業界のなくてはならない柄になっている。野村の日傘からヒントを得たんです。〉

年末、西田はルシアンを辞した。自分の会社を立ち上げる準備を始めるためである。ルシアンでは西田を重役に据える腹づもりでおり、辞めさせてほしいという西田をなんとか慰留しようとしたが叶わなかった。

後でわかったことだが、ルシアン経営陣は、お金に頓着しない西田のような性格なら、会社なんか作っても三カ月も持たないと踏んでいたようで、「潰れたらすぐまたうちへ戻ってもらえ」という指示まで出ていたらしい。

カドリールニシダ創業

カドリールニシダの創業は一九六八(昭和四十三)年一月。翌年一月に株式会社とした。この時、西田自身の金はわずかしかなく、必要な資本金二百万円のほとんどは友人知人から出資してもらっている。

どん底時代、西田の顔を見ると金貸せと言われるものだから逃げていた知人が、この頃には向こうから話しかけてくれるようになっていた。こちらから頼んでもいないうちから、そういう人間が「少しくらいの金だったら出してもいいぞ」などと言ってくれる。毎月自宅に集金に来る生命保険のおばちゃんも「わたしも資本金出してあげようか」と出資してくれる。寺内通商の沖縄担当課長の浦崎も出資してくれる。岐阜の問屋街での商売でひとかたならず世話になった夫婦も、西田が気に入ったと出資してくれた。

「不思議なものだねぇ」と西田は思う。希望を持った人間は表情が明るく輝くのだろう。希望が人を輝かせる。こいつなんかやりそうだと思えば、人は話を聞いてくれるし助けてもくれる。こうして集まった二百万円がカドリールニシダの元手となった。西田は三十八歳になっていた。

株式会社の設立には発起人が三人以上必要である。西田、妻の久美、八商時代からの親友の服部良夫、それに八商の同級生、秀才の大橋秀夫が発起人となった。

大橋秀夫も元ワコールの社員で、転職して京都の中村会計事務所に勤めていたが、もうしばらくしたらそこを辞めて経理としてカドリールに入社してくれるという話になっていた。

大橋も西田がいろいろと世話を焼いた男である。西田に恩義を感じている大橋は、この時の会社設立に関わるややこしい手続きいっさいを無償で行ってくれた。

社名は服部が提案した。四人一組になって踊るフランスの伝統的な舞踊Quadrille（カドリーユ）の英語読み、仏文科卒でフランス通の服部らしい。ヨーロッパの王宮で踊る優雅なカドリールダンスをイメージした。

「今あちこちにフランス語の飲み屋がいっぱいできてるから、間違えられないように責任者の名前を入れよう」

西田の名前を入れることを提案したのも服部である。

「株式会社カドリールニシダ」の船出であった。

初の新入社員

一九六八（昭和四十三）年秋。

京都の龍谷大学を半年後に卒業する予定の高橋弘（たかはしひろし）（現・社長付顧問）は、ヤマハに就職も決まってひと安心していた。

勤め先は伊勢の合歓の郷（ねむのさと）。そこの独身寮に入る予定で、身の回りの物を伊勢まで運んでくれるよう大学の友人小川温己（おがわはるき）へ頼みに行ったところ、小川が思わぬことを言い出した。

「うちの伯父さんが始めた会社に、お前も入らへんか？」

小川は西田夫人・久美の甥っ子である。西田が創業したばかりのカドリールニシダで、半年前から働いていた。

「おじさんの会社て、なんや？」

「下着作ってる」

「女性の下着か?」

「そうや」

冗談じゃない。そんなもんお願いされてもまったく興味ない。ヤマハに就職だって決まっているのだと高橋は思った。

ところが、なぜか小川はさかんに説得にかかる。

「ヤマハなんかやめた方がいいよ。そんな大きいとこに入って高橋くんみたいな性格で務まるとはわしゃ思わんよ。歯車のひとつになって絶対捨てられるよ」

高橋のどういう性格を思って言うのであろうか、小川はさらにこう畳み掛けた。

「伯父さんの友達が京都で一番の『男爵』というステーキハウスをやってる。そこで面接を受けるふりをして、食い逃げになってもいいから話だけ聞いてみてくれへんかな」

できたばかりのカドリールニシダは男性社員が小川ひとり。とにかく忙しく、毎日こき使われて大変だったので、なんとか親友を引きこもうと必死だったのかもしれない。彼に頼まれて高橋は思った。

(そこまで言うなら行くだけは行ってみようか。ステーキ食べたいしな)

高橋は当時二十三歳。食い逃げする気満々で小川に伴われてその店に行ってみると、伯父さんだという社長がいた。西田清美。モダンなスーツをぱりっと着こなしていた。

その頃、そんな洒落たスーツを着こなす男性などそうはいない。高橋は驚嘆した。

（かっこええなあ。さすが社長やな）

ステーキディナーが出てくる。夢中で食べる。そんな高橋を前に、西田はほとんど食べないでずっとしゃべっている。

いったい何をしゃべっているんや。苦学生の高橋にとって生まれて初めてのステーキであったから、最初のうちは食べるのに必死で話なんかほとんど聞いていなかったが、一時間ほどして皿も片付き、西田の話を聞くともなく聞いていると、どうやら一生懸命自分の夢を語っているようだとわかってきた。

自分は日本女性のための、女性が納得してくれるモノ作りをしたい。今、日本国内どこにもそんな下着を作るメーカーはない。会社ができて間がないから、まだそんな力はないけど、いつか必ず日本中の女性が喜んでくれるような下着を作りたい。企業はエゴではあかん。社会に貢献しないと。社会と繋がりのない企業は絶対存続できない……。

〈ウチの会社に来てくれなんてひと言も言わない。ただとうとうと夢の話をしてる。

そんな話を聞いてたらね、下着のことはどうでもいいけど、事業家としての哲学はす

ごいというのがなんとなくわかるわけです。〉

まだ二十三歳の高橋に、下着会社の社長の真摯で真面目な話は響いた。聞いているうちに、高橋は思い始めていた。

（この人について行ったら、なんかいいことがあるんちゃうかな。いっぺんこの人に賭けてみようかな）

かれこれ二時間半ほどたって食事が終わる頃には、「さて、ヤマハをどうやって断ろうか」とそればかり考えていた。

帰り際に、西田は言った。

「高橋くん。よかったらいつでもいい、明日でもいいから、本社へ遊びに来たらどうや」

本社というからには支社もあるし、いろいろあるんやろなと高橋は思った。まだ学生だから、資本金がいくらで従業員が何人で年商がどれだけでなどと聞く力もない。友達が薦めるんだから間違いはないだろうと考えていたのだ。

翌日、高橋は小川に連れられて、カドリールニシダの「本社」に出かけて行った。京都市の南のはずれ、京阪宇治線の桃山南口駅の近くである。

行ってみるとそこはくたびれた二階建てのモルタルの建物で、一階は八百屋や豆腐屋などの店が並ぶ市場である。外階段を上がると踊り場に共同便所があり、それが汚い。二階は散髪屋に歯医者、それに一階の市場の豆腐屋家族の住まいが続き、一番奥の八・五坪ほどの部屋が「本社」であった。

入ると小さい手洗いがひとつだけ付いている。机が四つ並んでおり、ミシンが二台あって縫い子がひとりいる。黒電話が一台。それから事務の女性がふたり。男は小川がひとり。

まさかこれが本社だとは思えず、高橋は半信半疑であった。

〈木の安もんの扉ですけど、段ボールを切ったのが押しピンで留めてあって、黒いマジックの下手くそな字で『株式会社カドリールニシダ』って書いてあった。

「おい、小川くん。これが本社かい」

「そうや、これが本社や」

「うわァ……」

それが今でもトラウマになっててねぇ。だいぶたって「カドリールニシダ」ってアクリルでスカッと書いた看板が上がった時は感激しましたね。そのちゃんとした看板が上がったのは昭和五十年頃やったと思いますけど。〉

よそに負けないブラジャーを

得意先から発注を受け、得意先のブランド名で販売される製品を製造することを「ＯＥＭ（Original Equipment Manufacturing）」という。当時はＯＥＭという言葉はまだなく、こういった業態は「下請け」という表現で通っていた。カドリールニシダは、ブラジャーやガードルなどファウンデーション専門の「下請けメーカー」としてスタートを切ったのである。

「絶対よそに負けないブラジャーを作ろう」

西田はそう思っていた。

ワコール時代、ルシアン時代を通じて、自社製品他社製品を含めてたくさんのブラジャーを見てきたし、たくさんのお客の声を拾い上げてきたが、西田はいつももどかしさを感じていた。日本のブラジャーはまだまだだ。ブラジャーのことをよく分かっていない人間が、着け心地など二の次で形だけそれらしく作って売っている。そして売れている。あの手この手でデザインを変えているだけだから、動けばあちこちずれるし痛い。こんなことでいいわけがない。まだ自分には力がないが、力を付けていつか必ず日本女性のバストがきれいに見えて、動いてもずれないい気持ちのいいブラジャーを作ろう。

当初のデザイン担当は西田の妻の久美。元ワコール第一世代のデザイナー永田勝子にも外注して、ふたりで型紙を起こす。永田は「ミスワコール」と言われたほどの雰囲気のある美しい女性であったが、ワコールを辞めて、妹とふたりでランジェリーやナイティを作って大阪の小売店に納める仕事を始めていたので協力してもらった。

「ナイティの材料はうちのを要るだけ持っていっていいよ。余ってるのはあげるし、原価でいいから」と西田は言い、永田に感謝された。

生地の裁断はルシアンFG時代に一緒に仕事をした長谷川英温に頼む。百枚ほど重ねたブラジャー用の生地を、包丁のような独特の道具を使ってずれのないよう裁断するには技術を要する。長谷川は腕が良かった。

最初の頃は縫製工場もないので、裁断したブラジャーのパーツを持った高橋や小川が京都市内や彦根方面を回って、内職のおばさんたちのところへそれらをばらまいていった。夕方になると再び高橋と小川が内職先を走り、縫い上がったものを回収する。一日かかってブラジャーが二百枚ほど。伸びも縮みもしないテトロンと綿の混紡のブロード地が当時の主流だった。

寺内通商の沖縄輸出はまだ続いていた。ここは船積みすれば現金がもらえる。東京ではエトワール海渡を真っ先にサンプル持参で訪ねた。エトワールは和江商事の東京出張所時代からずっと良い取引を続けてもらっていたところで、「何かやるならまずエトワールに」と思っていた。

海渡二美子専務と仕入れ担当の女性がすぐに会ってくれ、「あなたの持ってくる物はとてもいいから、全部買ってあげるわよ」と言ってくれた。エトワールは、金曜日までに納品したものは翌週の月曜日に現金で支払ってくれる。ワコール時代もそうだったが、資金繰りの厳しい小さな会社にとって本当にありがたい問屋なのだった。

ルシアンにいた頃、野村にそこそこ質のいいガードルを卸していたパリナ繊維というガードル専門メーカーがあった。ここのメーカーの小金谷という営業は、ルシアン時代に西田がいろいろアドバイスをしてやった縁で、すっかり西田の子分のようになっていた。

「西田さんのためなら何でもします」

西田が独立するのならうちが商品を出してあげると言ってくれ、ここから仕入れたガードルを大阪の双葉屋やエトワールに売った。

消費者のために本当にいいものを作ろうと思ったら、金がかかることはわかっていた。しかし、今はまだそんな高価な商品で勝負できる力がない。その力をつけるために、とにかく取引先を増やさなくてはならなかった。

そのうち、三菱商事の関連会社の菱和（りょうわ）から「イズミヤにブラジャーを納める企画をやりたい」という話が持ち込まれる。イズミヤはスーパーだが比較的品質のいいものを扱っていたので、西田は飛びついた。仕事を受けるには京都のはずれの桃山では駄目だ。京都の中心地に出なくては。五条通のビルの五階が空いているとのことでそこに企画室を作ることになった。部屋のリース料は菱和持ち。そのかわり菱和のしてきた商売はカドリールが責任をもって形にする。

〈その仕事を引き受けてやったんだけど、品物を納めてるのに金をくれない。で、ケンカしちゃった。そしたら「西田さん偉そうに。あんたの会社はウチで借りてるんだよ」と言われたもんで頭に来て、五条の近くに潰れそうなしもた屋をみつけてその日のうちに引っ越したの。「おい、移転だ」って。〉

越した先は古びて薄暗く、誰もが仰天するほど汚かった。

縫製工場第一号

内職だけでは生産量は限られている。会社は大きくならないし安定しない。西田は営業に奔走する一方で、ほうぼう縫製工場も探し歩いた。

ある日、能登半島の西海岸に縫製をやってくれるところがあると聞きこんだ。日本海のカニが美味いらしい。しかし交通不便。昭和四十年代の道路事情は悪く、能登は今よりずっと遠かった。

西田は早速、京都からライトバンを転がして向かった。未舗装の細い山道を延々と走る。

「これはえらいところやなあ……」

ようやく着いた工場のある場所は、福浦（ふくうら）という漁村であった。

日本海に大きく突き出す能登半島は古くから日本海の交通の要所として栄えた場所である。良港のある福浦もかつては北前船の寄港地として賑わったが、もはやその面影はない。その工場主も昔は廻船（かいせん）問屋を営んでいたのだが、とうに店を畳んで、今は捕鯨船に乗っているという話であった。

そういう土地で、留守を守っている女性たちが何かやれる仕事をと考えられたのが縫製工場だ。繁栄の名残のある大きな自宅を改造し、ミシン三十台ほどが備えられていた。

西田はエトワール海渡の製品をそこで縫ってもらうことにした。交通不便な漁村では縫製といってもそうは仕事が無かったのだから、カドリールの依頼は歓迎された。

しかし、能登は仕事を持って行くのも持って帰るのも大変である。


〈ゴムひも一反足らんゆうたら、それ持って飛んで行かないといけないわけでしょ。縫えないいんだから。「今日持ってこーい」ってね。夜中に野越え山越え、ひどいもんでしたよ。敦賀の海岸の崖っぷちで道間違えて、下手したら海に転がり落ちるんじゃないかと思ったこともあったりね。〉


深夜の道中、カーラジオが夜通し浅間山荘事件の実況を興奮気味に報じていた。そういう時代であった。

内職頼みではたくさん注文をとっても納品が間に合わない。かといって、縫ってくれる工場を見つけたら見つけたで、「この仕事ずっと続けてくれるの?」と言われると返事ができない。この先も注文がとれるかどうかわからないのだから、西田は「一生懸命頑張ります!」と言って逃げてくるしかなかった。ＯＥＭメーカーのつらさであった。

堀江昭二がやって来る

一九六五（昭和四十）年春、ワコールで「タミーガードル」という大ヒット商品が生まれた。デザインしたのはチーフデザイナーの堀江昭二。ワコール時代の独身寮で西田が弟のように面倒をみた喘息持ちの偏屈な男である。

業界のトップメーカー、ワコールは毎年季節ごとに新商品を次々に打ち出していたが、社運を賭けたこの商品は爆発的に売れた。

タミーガードルには出っ張ったお腹を押さえるために、伸ばした状態のパワーネットをダイヤ型にカットしてフロント部分にはめ込んであり、ワコールはこのダイヤカット方式で日本初の世界特許を取っている。

「おなかひっこむ」のキャッチフレーズで知られるタミーガードルのヒットによって、堀江は当時のファウンデーション業界で知らない人がない人物になっていた。

ＳＭＬの大ざっぱな分類しかなかった日本のブラジャーにアメリカ式のカップ制を採用してＡカップＢカップを作り、その後、アメリカのカタログを参考に日本人の体に合う規格で作ろうと、業界全体でＪＩＳ規格を定めていくことになるのだが、それらもワコールと堀江が中心になってやったことである。

ところが、このようにワコールの中心的デザイナーだったにもかかわらず、堀江は塚本社長の方針と折り合いがつかなかったようだ。

品質を重視し、そのための研究に時間をかけたい堀江。しかし、作れば作るだけ売れる時代に、すぐ金にならない研究や開発などにはなかなか理解を示してもらえない。堀江は非常に真面目で仕事熱心ではあるが、仕事に打ち込むあまり、気に入らないことがあれば上司に蓋のあいたインク瓶を投げつけるくらいのことは平気でやってのける男である。社宅問題がきっかけで塚本社長と大ゲンカをして、ぷいとワコールを辞めてしまった。


カンカンに怒った塚本から「今すぐ出ていけ！」と社宅を追い出された堀江は、いの一番に西田に電話をかけてきた。

「会いたい」

西田がワコールを去ってもう十年以上がたっている。突然の電話に驚いた西田だったが、堀江の声はすぐにわかった。

「堀江くんやろ？」

「……僕の声、わかりますか？」

「もちろんや。懐かしいなあ。ボクなぁ、細々と会社やってるんや」

堀江はワコールを辞めたことを告げ、できれば一緒に働きたいと言った。

しかし、西田はまだカドリールを立ち上げたばかり。堀江の力を知っている西田としては、「一緒にやろう」と言いたかったが、今は事情が許さない。しかたなく「しばらくは他で働いてくれ。そのうちにきっと声をかけるから」と言ってあきらめてもらうしかなかった。

グンゼ、アツギ、ナイガイなど、ワコールで有名になっていた実力者の堀江を欲しいという会社はいくつもあった。その中で、堀江は関西に本社があったグンゼを選んで転職する。グンゼは品質の良いメリヤス肌着で安定した業績を上げていたが、第二の基幹産業としてファウンデーション事業を立ち上げていた。この時代、右肩上がりのファウンデーション事業に新規参入を目論むところが実に多かったのだ。堀江はそこで新製品「クレカップ」、メリヤス生地のブラジャー「ヤンブラ」などを作りヒットさせている。

当時、グンゼの新入社員で、後にカドリールニシダに転職した本間博（ほんまひろし）（現・デザイン企画グループ部長）が、その頃の堀江をこう記憶している。

〈大阪梅田の第一生命ビルの中に商品開発室というのがあって、そこに配属されたら、たまたま堀江がいた。白髪頭で、シャカシャカ歩く。猫背でね。どうしてそんなことを考えつくのかというようないろんなアイデアがあって非常に素晴らしい人だった。堀江もワコール時代にはいろいろケンカしたみたいです。売るためのマーケティング型の事業運営と折り合いがつかなかったのかもしれません。〉

やがて、西田の元に再び堀江が顔を見せた。下着のことで一番気脈が通じるのは兄貴分の西田だったから、よほど西田と仕事がしたかったのだろう。

しかし、カドリールにはまだまだ余裕がない。西田自身が給料を取ったり取らなかったりなのだ。とても堀江に十分な給料は払えない。そこで、忙しい時だけ外注で仕事を出す契約社員として時々来て働いてもらうことにした。堀江がグンゼを辞めてカドリールの正式な社員になるのは一九七四(昭和四十九)年のことである。

女子社員も深夜まで残業

西田は毎日がてんてこ舞いだった。初めて体験する経営者としての商売、何をどうすればいいのか誰も教えてくれる人はいない。すべてが試行錯誤なのだ。高橋たち部下はいるが、まだ若造で役に立たない。四六時中、次に打つ手を考えては走り回っていた。

得意先の開拓、縫製工場、どんな商品を作るか、どういう素材を集めるか、そして集金。高橋に「これ仕入れてくれ」とか「素材をこの色に染めてくれ」と指示を出せば大車輪でやってくれるが、どんなものを集めるかを決定する人間は西田しかいないのだ。

集金くらいは安心できる人間に任せたいが、すぐに来て経理をやってくれるはずだった大橋秀夫がなかなか来ない。なんと都合で勤め先を辞めることができなくなったという。責任を感じたのだろう、大橋は「この人なら信頼できるから」と、同じ会計事務所で働いていた女性を連れて来た。藤川麗子（ふじかわれいこ）、三十五歳。カドリールの頼れる経理責任者として働き、後に取締役まで務めた女性である。

西田としては能力のある男性を求めていたので少々がっかりしたが、大橋の推薦でもあり採用することにした。実際のところ、西田には選択肢などなかったのである。

藤川は言う。

〈ぜひ来てくれと言われて、間に立ってくれた方の顔を立ててOKはしましたんですけど、でも始業時間の九時に出社してみたら（会社が）開いてないんです。三十分くらい待ちましたけど、誰も来ないしさっさと帰っちゃってね。そしたら翌日すごく叱られて。どういうつもりだ、無断欠勤してと。

会社は五条のしもた屋の暗くて汚いところでした。会社が汚いのにもびっくりしましたけど、もっとびっくりしたのは高橋さんの健闘ぶりでした。今から思えばあの形でみんなで会社を支えてたんだと思うんですけど、もうすごい迫力で仕事をしててね。重労働はやるし、目の回るようなお仕事ぶりでした。毎日毎日がびっくりでした。〉

カドリールは成長盛りのスーパーのイズミヤと取引をしていた。スーパーは多店舗展開である。五十八店舗分の商品を店別に発送しなければならず、これが大変だった。どの店にも同じものを納めるのなら簡単だが、店舗ごとに注文品もまちまちなら、数もまちまちなのだ。

その日出来上がってきた製品を全員で検品、包装し、箱詰めし、発送する。この時代、西田も高橋も夜十二時前に家に帰った記憶がない。配送を頼んでいる佐川急便は京都中を回って集荷し、いちばん最後にカドリールにやって来る。夜中の二時三時ということも珍しくないが、西田たちはまだ働いている。

「こんな遅くまで仕事してる会社なんて、関西どこ行ってもあらへんわ」

佐川のドライバーにはそういって気の毒がられた。

女子社員も家に帰れず、深夜まで働くことがよくあった。みんな若い女性なので、西田がそれぞれの家庭に電話をかけて親御さんに謝る。

「すみません。忙しくてまだ残業してもらっています。もうじきお送りしますから」

ありがたいことに、どこの親御さんもそれで怒るということはなかった。

帰りは高橋が全員を車で送っていく。こんな調子でどうしても翌日が遅くなってしまうのだ。

藤川は「これはついていけそうもない」と思った。生真面目な藤川は朝九時に会社が始まらないのがどうしても納得できない。どんな事情があるのか知らないが、会社というもののあるべきイメージとここはあまりに違う。

とうとう藤川は辞表を出した。

「申し訳ないんですけど、辞めます」

辞めると言っているものを慰留するわけにもいかない。

するとそこへ、デザイナーの堀江昭二が割り込んできた。

「社長。この人辞めさせたらあかん」と西田に意見したのである。

「この人は化粧してない。パーマかけてない。お世辞を絶対言わない。ズバズバ言いたいことを言いよるやろ。こんな人は意外といけるかもしれへんで」

実際、藤川は仕事がよくできた。他の人間が一日かかる仕事をさっさと一時間半ほどで片付けてしまう。黙ってはいたが、西田は内心舌を巻いていた。辞めてもらっては困るのである。

ところがこの藤川、入社当初から西田とよく揉めた。会社のやり方に納得がいかないと臆せず提言するのである。男女雇用機会均等法などまだない時代、働く現場での女性の地位は発言権も含めて非常に低かったから、藤川のような女性は相当に珍しかった。


忙しく飛び回って会社に腰が落ち着かない西田を、藤川が呼び止める。

「ちょっと待ってください、社長。話がありますから聞いてください！」

「今忙しいから、後で聞く」

「後っていつですか。大事な話なんですから今聞いてください」

「今忙しいって言ってるだろ。明日でいいじゃないか」

「明日じゃだめです」

藤川はどこまでも食い下がってくる。

「二分でいいからお願いします」

「うるさい！」

「うるさいのは社長の方です!!」

また、経理の仕事以外でも、気になるところにはどんどん首を突っ込んでいくのである。

〈とにかくみんなが忙しそうにしてるんです。私は入ったばかりで何が忙しいのかわからない。ある時、どうしたのと縫製の方に聞きましたら、月曜日に出さないといけない商品が土曜日にまだできてないというんです。〉

「何故できないの？」

「テープ（ブラジャーのパーツ）をどれにするか、社長がまだ決めてくれません」

「じゃあ決めればなんとかなるわけ？」

「決めても、もう間に合いません。残業しても無理です」

「じゃあ日曜に出勤したら？」

「それだったらなんとかなります」

藤川は西田をつかまえて言った。

「テープ早く決めてください。納品は絶対に期日に間に合わせないといけません。みんなに日曜出勤って言ってください」

それからはもう一致団結である。西田の要請に全員がいやがりもせず日曜出勤してくれ、一日がかりで商品を仕上げて、夜のうちに出荷、月曜の朝、東京に着いた。

西田がさっさとテープを決めればよかったわけだが、西田は西田で忙しいのである。あれもこれもとやらなければいけないことだらけでテープのことなんかすっかり忘れて飛び回っている。そういう時に「早くしてください」と嚙みつくのが藤川だった。

あの頃を思い返すと、十人で三十人分くらいの仕事をしていたと藤川は述懐する。けれど、誰ひとり文句を言う者はいなかった。

この時、間一髪で間に合った商品はエトワール海渡の展示会用のもの。エトワールの展示会ではその後もよく納品がギリギリになった。京都のカドリール本社→能登工場（三百七十キロ）、さらに工場→東京の展示会場（四百六十キロ）とライトバンで走り通してオープンに間に合わせたこともある。ドライバーは高橋。なかなか家に帰れなかった。

エトワール海渡は当時、社員約八百人のうち男性は一割程度で、仕入部は全員女性という女性社会であった。そんな中にあって黒一点仕入担当となったのが、一九四二（昭和十七）年生まれの坂上昇（さかがみのぼる）である。パーツを一ミリでも短くして、生地をうかせて数多く作るような大量生産はしない。一日着けていても身体を締めつけないものを作りたい。そんな西田の商品作りのポリシーと人柄に、坂上は共感していた。

坂上は十歳上の西田から「下着について一から教えてもらった」という。基本的な知識を身に付ける必要を示唆され、「女性の深層心理も勉強しろ」と西田が言うので、下着や女性に関する本を片っ端から読んだ。

「スタイレット」「シェイプレット」など、「サ行」を頭につけた商品はヒットすると西田がアドバイスし、実際ヒットした。西田のネーミング提案はいつも即決で採用されたと記憶する。

富小路のビリヤード場を買う

間口二間半のしもた屋が次第に手狭となってきた。どこか広い所に引っ越したいが、いい所はないだろうか。手狭なだけではなく、新入社員の募集をかけても、あまりに会社が汚いので、やって来た応募者の半分くらいが履歴書も出さずに帰ってゆくのである。いくらなんでもこれはまずかろう。

そこへデザイナーの永田勝子が耳よりな情報を持って来た。

「富小路に貸家がありましたよ」

五条から四条に抜ける富小路の角に三階建ての「さわらび石油」という会社があり、オーナーの村田が、一軒おいた隣でビリヤード場をやっていた。その建物を貸すというのだ。百坪ほどある二階建てで、広い。ビリヤード場をたたんで間がないらしく、一階にも二階にも玉突き台が並んでいた。

「これはいいなぁ」

家賃は十万円で相場より安かった。ところが、村田が条件を出してきた。

「貸すけど、条件があるんやワ」

「どんな条件です?」

「あんなあ、ライオンズクラブてあるやろ? あんたそれの会員になってくれへんか?」

「ええっ。仕事忙しいのにそんなとこ行ってられしません」

なんの、月に二回だけ夜の六時半から一時間ずつ行ってくれるだけでいいんだから、と村田は言い、

「あんたも京都に住んでるんやったら、地域に奉仕せなあきまへんで」

と弱いところをついてきた。

「わかりました。入ります」

貸してもらうためにはしょうがないと、西田は承知した。地域に貢献することも大事な仕事やしな。月に二回だったらなんとかなるやろう。

西田はのちのち、室町ライオンズクラブの八代目会長を引き受けることになり、月二回一時間ずつの奉仕ではまったく済まなくなって、仕事そっちのけでライオンズの行事にかかずらう羽目に陥るとは、この時には夢にも思っていなかった。

引っ越しの前に玉突き台は撤去しておくからと言われたので、「二台だけ社員用に残しておいて」と頼んでいた。みんな楽しみにしていたのだが、来てみると何も残っていなかった。

さて、会社がグンと広くなって仕事がやりやすくなり、張り切っていた西田の前に、わずか半年後、大変な問題が持ち上がる。村田が突然、そこを売ると言い出したのだ。

「西田さん、すまんけどなあ。あそこ出てもらわんとあかんねん」

「えっ！」

「出てもらわんと具合悪いんやわ」

「いや、具合悪いのはわたしですがな。なんでですねん？　まだ半年ですやんか」

「そんなことゆうたかて、公正証書には、出てくれいう時には有無を言わせず出てもらうて書いてありますやろ。商売でつまずいて金が要りますねん」

西田は青ざめた。

困った困ったと頭を抱えると、村田は言った。

「あんたが買うてくれるんやったら、あんたに売ってもええよ」

新しい得意先ができ生産品番数が増えると、製品や資材の在庫も増える。集金は三ヵ月の手形が多く、一方で支払いは二十日締めの月末払い。当時のカドリールは慢性的な資金不足で自転車操業に近い状態だった。

「社長、今月はどうするんですか？」「支払いだいじょうぶですか？」と毎月のように藤川にせかされていた。社屋を買い取るなど、とんでもない話であった。

しかし、村田に「あんたに売ってもええよ」と言われて、西田は「そうか、自分が買うという手もあったか。それも悪くない」と思う。会社がもう一段上がるために、ここを買って徹底的に頑張ればいいではないか。まだこの業界は始まったばかり。つまらない商品がいっぱい売れているのだから、真面目にいいものを作れば絶対に売れるはずだ。

取引先の銀行に相談しに行くと、担当者は「西田さん、担保に出しはったらなんとかするわ」とふたつ返事である。そこで思い切って決断した。

富小路の社屋を買い取ることにしたと西田から聞いて、藤川は「とんでもない！」と猛反対した。今、資金がどれだけあってどれだけ足りないか、取引先への支払いが月末にはいくら要るか、会社の金の動きを絶えず考えて準備するのが経理だが、今でさえやっと回しているのだ。

「社長、やめた方がいいですよ。絶対、会社潰れます。お願いです。今からでもいいから取り消してください！」

西田の頼みの綱はエトワール海渡だった。デザイナーに「とにかくサンプルを作ってよ」と言って作ってもらっては、それを持ってエトワールに売りに行く。

「西田さんの持ってきたものならなんでも買ってあげるわよ」と海渡二美子専務が注文してくれるので、急いで商品を作って月曜から金曜までに納めると、翌週の月曜に現金が入ってくる。ものすごく際どいがそれで回していける、なんとかなると西田は楽観的に考えていた。

だが、どんどん商品を作っても、売場に置く分だけは取ってもらえるが、あとはこちらで在庫を持っていないといけない。在庫は現金にはならないのだ。

必死で漕いでいるが、漕いでもどうにもならないものはならない。ついに限界が来た。もう自転車が倒れる。

月初め、藤川が言った。

「今月末に二千万必要です。なんとかしてください」

そう言われて西田も「困ったなあ、なんとかせんとあかんなあ」と思っているのだが、営業に出歩いたりものを仕入れたり企画をデザイン室に相談しに行ったりしているうちに、あっという間に月末が近づいてくる。

「社長、お金がありません。どうしましょう」

「何の金だ？」

「何って、手形落とさないといけないでしょ。二千万円の」

「そうか。うちにいくらあるんだ？」

「もう三百万しかありません。それも銀行さんから借りたお金」

「会社、お金ないのか？」

「まったくないって何べんも言ったでしょ！」


手形が落とせなければ事業の継続は困難だ。すなわち倒産である。

こうなってはもうどうしようもない。自分の見通しが甘かったのだ。今さら悩んでも仕方がない。西田は腹を決めて東京のエトワール海渡に行き、事情を話して頭を下げた。

「長年可愛がっていただいてありがとうございました。頑張ってきましたが、会社を続けることができなくなりました。申し訳ありません。今なら在庫がありますから、それを引き取っていただいてご迷惑がかからないようにします」

西田が謝ると、仕入担当の坂上と一緒にその話を聞いていた海渡二美子専務は、いきなり、坂上を叱りつけた。

「いい商品を入れてもらって、うちはとても助かっている。なのに、そんな西田さんを困らせるようなことをして、坂上、あなたはなんてぼんくらなの！」

いつも西田の味方をしてくれる坂上を、ぼんくら呼ばわり。

続けて二美子専務は「わたしがなんとかしますからご心配なさらないで」と言い、お金はどのくらい必要なのかと聞いた。

なんとかしますと言われても、お金はないのだ。どうする当てもない。足りないのは二千万円だったが、どうせ潰れるんだから多めに言っとけという気持ちで、西田は答えた。

「三千万円です」

すると翌日、三千万円がポンと口座に振り込まれた。

品物も納品していない。担保も何もないのに三千万円。その金を持って逃げることだってできるのだ。普通なら到底あり得る話ではない。藤川は心底驚いた。西田だって驚いた。

「社長、いったいどんな手品を使ったんですか⁉」

以来、坂上からは毎週のように電話がかかってくるようになる。

「今月、西田さんだいじょうぶですか？」

元々、エトワールの支払いは早く、納品した翌週には必ず振り込んでくれるありがたい得意先だったが、これ以後、さらに支払いを優先してくれるようになった。商談して注文をもらうと、納品する前から資金の心配をしてくれるのだ。

この時の三千万円分を、全て納品するのに二年かかった。西田は二美子専務の厚情に心から感謝した。

後の話になるが、坂上が担当になってエトワールのオリジナル商品を作る相談を受けた西田は、あの資金援助に報いるためにもと、堀江を先頭に製品作りに注力した。

この時作った「スタイレット」と「シェイプレット」は当時のエトワールの看板商品となった。もともとエトワールのテレビCMはカドリール製の商品ばかりだったのだが、外国人女性を起用したこの時のCMはとりわけ美しいと評判になり、「CM世界大会」で優秀賞にも輝いたのである。

大口取引を始める

富小路への本社移転と前後して、カドリールニシダは初めての大口取引先を獲得する。内外編物（現・ナイガイ）である。

その縁を作ってくれたのは、東京の浅草橋にあるインナー生地問屋・谷口商事の谷口喜一郎だった。西田と同い年でよく気が合った彼が、ナイガイの中興の祖といわれた加藤社長に会わせてくれたのである。

ナイガイは一九二〇(大正九)年創業の老舗企業だ。靴下の製造販売から始まり、戦後は、絹のストッキングにとって代わったナイロン製ストッキングでめざましい成長を遂げた。靴下やニット製品の他、一九五二(昭和二十七)年からはベンベルグ製のスリップを中心とするランジェリーやナイティの製造にも力を入れていたが、さらにファウンデーション部門への進出を企画し、アメリカのカイザー社と提携してソフトガードルを販売していた。

ナイガイではカイザーブランドでガードルだけでなくブラジャーもやりたいと考えており、そのための商品企画や販売戦略などのアドバイスを西田に求めたのだった。

この頃のナイガイは売り上げ二千億円の大企業。衣料品関係では日本一と言っていいほどの会社であった。かたやカドリールは吹けば軽く吹っ飛ぶ「鼻くそみたいな会社」であるが、西田はすぐに加藤社長に気に入られて、求められるままブラジャーについて自分の思うところを語った。

「アメリカのブラジャーというのはカップに全部バイリーン(不織布)の裏地が付いている。日本のブラジャーもアメリカナイズされてバイリーンが付いている。これがあると、実はフィッティングがすごく悪くなる。肌に馴染まなくてカップとバストが遊離するんです。ボクはこれをなんとか打破したいと思ってる。ヨーロッパのブラジャーを見ると裏なんかついていません。裏がない方が美しいし、レースが立体的に見える。華奢でエレガントです。だからカイザーをやるんなら裏は取りましょうよ」

西田の進言は新鮮だったのであろう。加藤社長も細谷常務も、

「なるほど、大いに結構だ。それでやってくれ」と了承した。

この頃、京都市上京区の田んぼの真ん中に、輸入下着の店ができた。瀟洒な建物の二階がその店で、ヨーロッパのさまざまなメーカーのブラジャーが並んでいる。店主は店売りと同時に、毎日商品を車に積んでは芦屋方面に売りに出かけていた。芦屋は関西有数の高級住宅街だから得意先が何軒もあったのだろう、羽振りが良かった。

西田はこの店を堀江とよく訪ねた。行けば勉強のために必ず買う。それまで無条件にブラジャーはアメリカだと思っていたが、ヨーロッパ製の繊細なブラジャーを見て考えが変わった。さすがヨーロッパは歴史がある。これからの自分は徹底的にヨーロッパナイズしていこうと思ったのだ。

ブラジャーのボリュームを出すためにバイリーンを貼るというやり方はアメリカ式である。

ワコールが取り入れ、他社が皆、追随していた。バストを高く見せるためにはいちばん簡単な方法だが、厚みのあるバイリーンはバストと一緒に動かないのでフィット感が犠牲になると西田は考えていた。

バイリーンなどない方がいいという考えは、堀江も同じであった。ブラジャーの機能は一枚モノでなければならない。でないとバストとブラジャーが遊離する。セカンドスキンのごとく運動しても肌についてくるブラジャー。そういうものを作らなければならないのだから、分厚い裏地は邪魔である。

ところで、人間の顔の形が皆違うように、バストの形もひとりひとり皆違う。何十万人分のバストを一枚の型紙でカバーするためにはどうすればいいのか。どうすればそんなことができるのか。生地のフレキシビリティと同時にカッティングの工夫で、人間の動きについてこれる能力をブラジャーに持たせる。非常に難しいが、それができてこそいいブラジャーというものだ。そのための研究はどんなに時間と金がかかっても惜しむまい。苦しい資金繰りの中でも、西田のその考えにブレはなかった。

ナイガイとの取引開始は一九七三（昭和四十八）年。これ以後、ナイガイのファウンデーションはカドリールニシダが一〇〇パーセントOEM生産を任されることになる。

ナイガイでは豪快な人柄の細谷常務が、誰からも変わり者扱いされていた堀江の才能と人となりに惚れ込み、親しみを込めて「左甚五郎（ひだりじんごろう）」と呼んだ。

日光東照宮の「眠り猫」で有名な左甚五郎は、江戸時代に活躍した伝説的な彫刻職人である。人情に弱く、酒好きでダメ人間。しかしいざ仕事となると第一級の腕前を見せつける江戸のスーパースター。キャラクターは若干違うが、これ以後「左甚五郎」はすっかり堀江昭二の代名詞のようになった。

トリンプと取引開始

ナイガイとの取引開始から四年後、次に始まった大口取引はトリンプだ。一九七七（昭和五十二）年のことである。ここを紹介してくれたのも前述の谷口喜一郎である。

西ドイツのトリンプ・インターナショナル社は一九六四（昭和三十九）年に日本上陸。ファウンデーションの販売を開始し、以後、破竹の勢いで日本に市場を広げていた。ヨーロッパ最大といわれるビッグ企業のブランドだけに、そのヨーロッパ調の洗練された商品は多くの日本女性を惹きつけてやまなかった。

しかし、この頃の日本におけるトリンプ商品はブラジャーとショーツのみで、スリップはない。そのためファウンデーションではワコールと肩を並べるほど売上げても、トータルでは負ける。トリンプの斎藤社長はどうしてもスリップをやりたいと考えていた。

当時、日本に長期滞在していたギュンター・シュピースホーファー会長は、日本で本当にちゃんとしたスリップが作れるのかと懐疑的だった。遅れた国だと考えていたのである。

「もちろん作れます。メーカーもたくさんあります。よりどりみどりです」と斎藤は言い、三十二社からサンプルを取り寄せて会長に見せたところ、一蹴されてしまう。

「なんだこれは。こんなのはスリップとはいわないんだよ」

ドイツ人会長の眼は厳しかった。

そこで困ったトリンプの事業部長の石川克郎が、谷口を通じて西田に頼んできたのである。

「西やん、なんとかならない？」

「わかった。やってみよう」

西田はすぐに堀江にスリップのサンプルを五点作ってもらい、シュピースホーファー会長のところへ届けた。

「この型紙のカッティングはイタリアのイメック社の真似じゃないか」

堀江のサンプルを見るなり、会長はそんなことを言った。頭から日本人を馬鹿にしているのだ。

冗談じゃないと西田は思った。

「とんでもない。これはウチのオリジナルです。イメックなんて名前も知らないのに、真似のしようがないでしょう。そんなことをおっしゃるなら、十日間待ってください。新しいデザインをまた五点お持ちします」

真似だと決めつけられて堀江も怒る。

「わかった。そういうことならすぐやる」


新しい作品というのは試行錯誤を重ねた先にようやく出来上がるものであって、時間が非常にかかるのが普通だ。それを堀江は十日間で五点作ってしまった。

それを持って、再び西田はシュピースホーファー会長を訪ねた。用意されたモデルに堀江の作ったサンプルを着せると、どれもピタリと合う。そしてとてもきれいなドレープが出たので会長は驚いた。

「これは素晴らしい。いったいどうやってこんなスリップができたんだ？　このラインは？このアール（曲線）はなんだ？」

人間の身体は後ろにヒップの膨らみがあるため、スリップは前よりも後ろを長めにする必要がある。カッティングが悪いとシミチョロ（スカートの裾から下着がはみ出すこと）になってしまい、そういうスリップは実際多かった。美しく身体にフィットさせようと思ったら、必然的に必要なデザイン線というのが出てくるのである。堀江のスリップには計算が見事に行き届いた機能美があった。

「日本人でもこれだけの物が作れるのか！」

その場でシュピースホーファー会長のゴーサインが出て、スリップはすぐに発注された。

ところが、毎月注文をもらったものの縫製工場がない。

「高橋、どないしたらええやろ」

再び工場探しの旅である。

鳥取県の倉吉にグンゼのファウンデーション生産基地があった。当時、後発のグンゼは糸から編みたてから染色まで、すべて新規に自社工場でやっていたから、その近辺ならグンゼの下請け工場があるに違いない。下請けは年から年中仕事があるわけじゃない。工場が空いている時もあるだろう。そういうところを探しに行こう。

舗装もない道を安物の車を転がし、山陰地方を走り回った。あっちを訪ねこっちを訪ね、ようやく「続けて仕事をもらえるんだったらやってもいい」というところが見つかった。鳥取の羽合（はわい）、縫い子さんが五十人ほどの小さな工場だった。

西田は従業員に集まってもらって、こんな話をした。
「うちの会社はお客様からお金をいただいて商品を渡す。お金をいただくのだから、絶対に価値のある商品じゃないとダメなんです。うちはブラジャー屋ですが、縫製をしていただくところでいつもお願いしていることがあります。それは、自分の娘をお嫁に出すような気持ちで大事に大事に商品を育てる、大事に大事に縫製するということです。そして出来上がったいい製品をお客様に差し上げる。そうすれば、お嫁に行った先でいい子だとかわいがってもらえる。そういう気持ちで仕事をしていただきたいのです。朝から晩まで同じ仕事でお疲れになると思いますが、お使いになるお客様はひとりひとりみんな違う。そのことをイメージして、どうかひとつ、いい商品を仕上げていただくようお願いします」

最終的にものを作るのは現場の人たちだ。その人たちのちょっとした意識の違いが商品の出来を左右する。自分たちは今どんなものを作らなくてはいけないのか、何のために作っているのかをわかったうえで仕事をしてもらうことがいい仕上がりにつながる。西田はそう伝えたかった。

話を聞いた従業員たちは感激した。そしていい仕事をしてくれた。注文が相次ぎ、高橋は材料のトリコット原反を十トン車に積んで、二日に一度、産地の滋賀県長浜から山陰まで運ぶ羽目になった。寝る暇も家に帰る暇もなくなった。

フランス製の贅沢なリバーレースを上下に使ったトリンプの美しいスリップは、爆発的に売れた。トリンプからは安定したまとまった仕事がもらえるようになり、この辺りからようやくカドリールは慢性的な資金不足から抜け出せるようになった。


とはいえ、赤ランプは忘れた頃に点灯する。

ある時、ゴールデンウィークを前にまたしても資金繰りが苦しくなる。藤川は西田に訴えた。

「今月、お金が足りません。どうしましょう?」

「心配するな。もうボクが手を打ってきた」

「え?」

よくわからないまま、藤川は西田から「トリンプに行って集金してこい」と命じられる。

「何も納品してないのに、何を集金するんですか?」

それは明日から連休が始まるという四月二十八日のことだった。

納品もしてないのにいったい何のお金をもらえというのか? 足下がぐらぐらするような気分で藤川は上京し、平和島の流通センターにあるトリンプのビルを訪ねた。

すると着くなり、商品を入れておく倉庫に案内された。藤川が驚いたことに、そこには山陰の工場から送られてきた製品が検品もされない状態のまま山積みになっていた。

通常ならば、会社の中の検品班が丁寧に検品して、畳み直したものを納品するのである。それなのに、一刻も早く金をもらうために、工場から来たままをダイレクトに納品するという荒技を西田はやってのけたのである。

西田はこう言う。

〈だって会社は潰せないでしょ。だからいちかばちかで石川さんに「男の一生のお願いだ。必ず迷惑をかけないで品物を入れるから、先に支払いをお願いします」って頼んだの。ボクもこんなことができるとは思ってなかったんだけど、石川さんが「君には世話になったからなあ、なんとか今回はやってあげよう」と言ってくれた。〉

窮地を乗り切るための苦肉の策ではあったが、普通であれば通るわけもない。それだけの付き合いと押さえがしてあるわけで、会社を潰さないためにはこういう乗り越え方もあるというひとつの例を、藤川は西田から教えられた気がした。

この後、藤川は急いで高橋に電話して事情を説明。高橋はすぐに検品のための人員をかき集めてくれた。そして祭日の前に商品を京都に送り返してもらい、全員が連休を返上して検品。

ゴールデンウィーク明けに無事納品を果たした。

商売において信頼関係がどれほど大事であるか。

トリンプの石川事業部長は豪傑で、業界では「石川さんと付き合える人間はめったにいないはずだ」と言われていたくらいに難しい人だったが、西田は気に入られ、京都や銀座の料亭だの高級バーだので幾度となくお相手をした。支払いは大変だったが、それだけのことは石川からしてもらったと西田は思う。

肌色の下着はカドリールから

「下着は白が常識」という時代は長かった。

少しずつ色のあるものも作られるようになっていたが、ブラジャーにしろショーツにしろ、清潔感のある白が八割を占める。あとはピンクが一割、サックスとクリームが少しずつ。黒もあったが、これを着用する人は限られていた。

昭和四十年代の後半になってくるとピンクがよく売れるようになってきた。そんな中、一九七二（昭和四十七）年、カドリールは日本初の「肌色のショーツ」を生産する。

この頃、身体にピッタリ付いて膝の所からラッパのように広がる「パンタロン」と呼ばれるパンツが流行していた。白くてピッタリしたパンツをはくと、白いショーツのラインがくっきり際立つ。

「かっこ悪いなあ」

西田はこのショーツのラインがとても気になっていた。

そんな時、パリ通の服部がこんなことを言った。

「白いスカートやスラックスには、パリでは肌色（エクリュ）の下着があり、当たり前のように使われていて、表に色が出ず、肌と溶け合って自然な感じになって着用しているよ」

これを聞いた西田は「なるほど。それはイケる！」と思った。

早速エトワール海渡に出向いて、まるで見てきたかのように述べ立てた。

「白いパンタロンに白いショーツはラインが透けてかっこ悪いです。パリではパンタロンの下に皆、肌色のショーツを着けていますよ」

話を大きくするのは得意中の得意である。

「西田さん、いいことを言ってくれたわね！」

喜んだ海渡二美子専務がすぐに発注してくれた。

肌色のショーツの反響は大きかった。カドリールは自社で小売りをやっているわけではないので、得意先からの追加注文がどれだけ来るかで売れ行きを判断するしかないが、肌色のショーツを納品してからというもの、エトワール海渡からの注文は肌色ばかりになった。それが現在、日本全国で販売されているベージュの下着の出発点である。以後、他社も次々に追随。ファウンデーションに限らず、すべての女性下着で肌色は使われるようになり、翌年には肌色が下着の世界を席巻してしまった。

今では、白い下着はブライダル関係を除けばごくわずかだ。カドリールのヌードカラーをきっかけに、その後の下着界はカラー化が加速してゆくことになったのである。


ところで、この肌色では、カドリールの染め担当である高橋はずいぶん苦労させられた。肌色系にもいろいろあるが、サンドベージュやオークル、キャメルなど、みな微妙な色合い。染めが非常に難しかったのだ。

洋服と比べてみるとよくわかるが、ブラジャーはパーツがとにかく多い。ひとつのブラジャーが、カップ、フロント、サイド、ストラップ、ワイヤーループ、バイヤステープなど二十以上、多いのになると三十〜四十の細々としたパーツを縫い合わせて作られている。

それぞれのパーツは素材も多岐にわたる。綿やナイロン、テトロンなど。素材にはそれぞれの特性があるため、ひとつの染料では染まらない。一種類ずつ釜を洗っては別々に染めなければならないのだ。

パーツ同士の色にずれがあってはダメで、ぴったり一致するまで何度も染め直しをする。十メートルも百メートルも手間は同じだ。大量に染めるならいいが、ブラジャーは布も少量で手間がかかるばかり。嫌がる染め屋をだましすかしして染めてもらう。

高橋は西田からよく言われた。

「下着と染めの世界というのは切っても切れない。だから、染め屋だけは言うことをよく聞いてもらえるようにうまく付き合え。大中小どの染め屋も全部や」

職人というのは心意気でやってくれるものだから、絶対に嫌われたらあかんぞという西田の教えを、高橋はいつも心に留めるようにした。

染め屋で間に合わない時は、会社で高橋が自ら染めた。大きな寸胴鍋とガスコンロを使い、ノウハウは染め屋で教えてもらった。

会社の形を考える

この頃のカドリールニシダは西田のワンマン会社といってよかった。

幹部を八幡商業のネットワークでしっかり固めたワコールのような組織作りができればよかったのだが、組織のための人が足りない。素人集団的なのである。西田がひとりでせっせと脚本を書き、書いた脚本通りに役者（社員）たちを動かす。演出も西田であるが、本人もじっとしているわけにいかない。次は何をしたらいいかと常に考えながら先手先手と打っていかねばならない。こと営業に関しては、初めての取引先には必ず自分が出て行って商談した。

西田は社員に仕事を手取り足取り教えるタイプではない。いちいち教えている暇がないということもあったが、当初から、自分で学び取れという姿勢であった。勘の悪い人間はよく怒鳴られる羽目に陥った。厳しく怖い社長であった。

しかし、いかんせん脚本家は数字や経営に疎かった。経理の藤川はそんな西田を見ていて、これは自分がしっかりしなければと思ったであろう。会社が必要としていることを藤川はみずから考え、経理の立場から経営に参画できるよう少しずつ勉強し始めた。

会計事務所にいた頃、藤川は上司からこんなことを言われていた。

「中小企業の経理の人間は、君たち会計事務所の人間よりずっと優秀だぞ。彼らは自分の会社を守るためにいつも知恵を絞って工夫している。経理というのは出た数字を並べればいいというもんじゃない。どこに並べるか、どう解釈するか、どういうふうに理由づけするかによってまったく変わってくるんだ。税額控除にもなれば経費控除にもなる。そこを考えるのが中小企業の経理というものだ」

ならば、自分もそのようにやってみよう。経理の働きが会社にどう作用するのか、まず帳面の付け方から変えてみた。それから在庫に目をつけ、在庫の把握の仕方次第でどうにでもなるということに気がついた。原価率のつかみ方も大事だった。自分なりに一から手探りしながらやり方を考えていくと、実際に会社が「動く」手ごたえを感じ、経理というものが面白くてたまらなくなってきた。

当時、税法の中にはおかしいものがたくさんあった。悪法だとしても、解釈でどうにでもなるのである。決算の処理をする中で、「ここの税法は間違っている」と藤川は税理士に言う。税理士は税法の味方である。

「間違っているかもわからないけど、ここはこうしてもらわないと困る」

「でも、それでは会社が損をしてしまいます」

藤川は一歩も後へ引かない。だから税理士とはよくケンカをした。

ある時、「じゃあ大蔵省に確認します」と本当に電話をしてしまった。そしたらこちらのほうが筋が通っていた。

わからないことがあれば、取引先の銀行に退社後出かけて行って教えを請う。熱心な藤川は「九時からの女」という称号を奉られ、どの銀行でも皆、迷惑がることなく彼女の質問に答えてくれた。「銀行の皆さんからは本当によくしてもらった」と、藤川は振り返る。

後に海外に進出する際には、貿易実務も勉強した。先生は銀行だった。会社をどうしようかと、三〜四年先のことも見据えるようになった。

この藤川のおかげで「助かった」と思うことが西田には多々あるが、中でも「カネボウの株買い取り事件」は記憶に残る。

トリンプとスリップの商売を始めた時のこと。取引が成立したはいいが、原料のナイロントリコット生地を製造するカネボウの今吉部長が、カドリールの会社が小さすぎることを理由に生地を売ってくれなかった。間に立った谷口商事の谷口喜一郎が「これは大きな商売になるから生地を出してやって」と頼んでくれたが、今吉は首を縦に振らない。

「与信がないから駄目だ」と言うのだ。困ったが、ナイロントリコットを作っている会社は他にもないわけではない。

「じゃあ、カネボウが駄目なら東レに」と西田が引っ込むと、今吉はこう言った。

「いや、ちょっと待って。なんとかする」

今吉はカドリールの株を三割、カネボウに持たせてくれるなら、それを条件に生地を出そうというのであった。自分のところの子会社になるのなら生地くらいいくらでも出してやるよというわけだ。

最初、今吉は五割と言ったのだが、さすがにそれは断って三割にとどめた西田だった。「それもしょうがないな」という気持ちだった。

そうしたら二年後、自分なりに勉強を重ねていた藤川が「とんでもない。そんな株、一刻も早く買い戻してください」と言い出した。

実はこの頃、西田は自社株を二〜三割程度しか持っていなかった。私欲がなく、周りの人間がカドリールによってよくなればいいと思っていたから、株主構成もバラバラであった。


〈わが社の担当の会計事務所の人は、「株は広くいろんな人に持ってもらった方がいい」とボクにはそう言った。だから下請けさんとか仕入先の人にも持ってもらっていた。「社長、それは違いますから！」と言ったのが藤川だったんです。〉


なんとものん気な、ユートピア感覚の西田である。

藤川にせっつかれるようにして、西田が株を買い戻したいとカネボウに申し入れたところ、本社の総務部長がカンカンになって怒鳴りこんできた。

「カネボウが始まって以来、こんな恥ずかしい思いをさせられたのはお宅が初めてだ。ウチを利用して商売をやってるくせに、株を買い戻すとは何事だ」

西田は切り返した。

「何を言ってるんですか。それは逆じゃありませんか。ウチはお宅の生地を一〇〇パーセント使って商品を作ってるんです。そちらに協力しているのはウチの方ですよ」

西田が「すみません」と謝るとでも思っていたのだろうか。切り返されて総務部長は、もうひと言も言い返してこなかった。

この頃のカネボウは化粧品でも成功して、資生堂と並ぶ二大メーカーとして飛ぶ鳥を落とす勢い。大企業の傲慢さがよくわかるエピソードだ。

もしこの時、藤川がいなかったら、カドリールはカネボウに子会社化されて、後にカネボウと一緒に潰れていたかもしれない。そうなっていたら、今のカドリールはなかったであろう。

この時は覚悟が要った、自分でもよくやった、と藤川も振り返って言う。

〈会長（西田）はとっても人情的。頼まれた人をものすごく信用して大事になさる。ナイーブなところがあります。だから、どんなことがあっても会長が社長の座を商法上も確保できるように、株を集めて整理して仕組みを変えたんです。弁護士、公認会計士、証券会社、銀行の偉い方に、わたしの考えが間違っていないかどうか、皆さんにご意見を聞いて確認を取りながらやりました。〉

4 ブラジャーというもの

はじめに型紙ありき

ブラジャーの型紙を起こすやり方はそれぞれだ。なにが正解というのはなく、メーカーなりの手法でまず原型を作る。そこからグレーディング（サイズ展開）をしていくが、この作業は非常に難しく時間がかかる。このやり方も各社それぞれである。

あるデザインのブラジャーでC75の原型ができたとする。それに縫い代を入れて型紙を作り、まずサンプルを縫う。それからC75のボリュームの女性に着けてみて、本当に自分のイメージした通りのバランスで着用できるかどうかをチェックする。

この段階でちょっと脇が甘いとか上カップがゆるいとなったら、修正が必要だ。そしてまたサンプルを縫って繊維に置き換える。モデルに着用してもらって臨床する。それでOKということになったら、その原型のパターンをベースにして今度はサイズ展開していく。アンダーバストとカップの大きさ、ブラジャーはサイズが細かく分かれているので作業は煩雑を極める。

当然、また途中でチェックをする。D75の時は大丈夫か、B75は大丈夫か、A65は？ チェックがすべて済んではじめて本番をやれる準備ができたということになる。まともに一から開発したら、ブラジャー一枚についてざっと一年かかるという。

カドリールに入ったばかりの頃、堀江は西田に「ボクのやりたいようにやらせてよ」と頼んだ。堀江は、原型を、靴でいえば木型の種類をたくさん作って、それをベースに今度は製図の手法で変化させて新製品を展開していくやり方を考えていた。

最初のうちは製図ばかりやっていて商品はできないが、その代わりひとつの原型を作ったら、そこからどんなバリエーションでもできるようになる。そういうものをやりたいと言った。図面を引くのが得意な堀江ならではの独自の手法である。

「だから社長、今は商品にならないけど、我慢してほしい」

いいものを作るためには金がかかるというのは、堀江の考えでもあったし、西田の考えでもあった。

「よし、わかった」

西田は堀江の言うことをすべて受け入れた。この人はちょっと他の人間とは違う。ふたりと出てくる男じゃない。西田は堀江の才能をそれだけ買っていた。実際、入社後三年ほどは、堀江は図面を引いているばかりでほとんどデザインらしいデザインはしていない。

高橋は、西田と堀江のブラジャー作りにおける思いの合致についてこう分析する。


〈戦後のブラジャーのブの字もないところで、砂漠に水を撒くようにブラジャーを作ってるわけですから、作れば作るだけ売れたわけです。ところが堀江さんはやっぱり技術屋というか、原点はオーナー(西田)とよく似ているんですね。まじめにお客さんが納得するものを作らないと駄目だといつも言ってましたからね。偽物はあかんと。真面目な人で、自分のできるベストをやりたいという人でした。〉

ブラジャーというのは欧米のもの。それだけの歴史がある。やはり欧米のインポート商品に比べると、日本で作っているものはあらゆる点で見劣りがしている。しかし堀江自身にもまだノウハウがなく、研究途上。悶々としている。西田は西田で、やはり輸入品と自分たちの商品の格差を感じる。女性客の声も聞こえてくる。そういう中で意を同じくして共鳴したふたりだった。ワコールでヒット商品をいくつも生んで日本女性に絶賛された堀江だったが、まだまだ、もっともっと研究せんとあかんと言い続けた。コマーシャリズムには乗らない。プロの仕事をする男なのだ。

高橋はカドリールでの堀江の仕事ぶりをそばで見ていた。定時に来て定時まで仕事をするというようなスタイルではない。気に入らなかったら出てこない。

しかし、いったんアイデアがひらめいたら、夜も日曜祭日も関係なく集中する。やる仕事は人並みはずれていた。

伸びる素材の登場

ブラジャーの主素材は綿やポリエステルとの混紡生地であり、長らくコントロール素材として使われていたのはゴムだった。ゴムは縫製や染色が難しいうえに、脆化(ぜいか)が早い。

そこに、一九五九(昭和三十四)年、ゴムに代わる「伸びる糸」としてアメリカのデュポン社が開発したポリウレタン繊維・スパンデックスが登場した。ソフトなコントロール力を持ち、耐久性にも優れた合成繊維である。伸縮自在の「奇跡の糸」は四年後に日本でも、東洋レーヨンとデュポン社の合弁会社によって「オペロン」の名で商品化される。

この伸びる糸の登場は、以後のファウンデーション界を激変させた。初期には特にガードルの素材として積極的に導入され、その後も、薄くて軽く、伸びる繊維のおかげでブラジャーやガードルは俄然フィット性を増し、メーカーのファウンデーション製作を容易にしたように見えた。

しかし、西田はこう言う。

〈あの伸びる素材が出てから、ボクに言わせると日本のブラジャーはずいぶん発展が遅れたんですよ。というのは、伸びるということでデザイナーが楽をしてしまった。徹底的にパターンを修正して正しいものを作らないと身体に合う製品はできないのに、素材が伸びるということで伸びに頼ってしまい、細かい研究を省いたという傾向があるんです。〉

素材が伸びれば伸びるほど、型紙は身体よりも小さくなる。小さい素材を伸ばして身体に着けることで、そのキックバック（戻ろうとする力）を利用して締めたり補整したりするからだ。

しかし、そのキックバックがデザイナーの期待する方向に力を発揮してくれるかどうかが問題である。伸びの方向性がどういう変化をするかを常に検討してから、使う方向や場所を限定しないといけない。

堀江はそれを細かく検討した。伸びない素材で正確に研究して、どの部分をどうカッティングするとどういう変化が出てくるかというのを十分に考えながら、実験を重ねて詰めていく。そういうセオリーを押さえたうえで、伸びない素材から伸びる素材に置き換えていく。

しかし、そういう段階を経ずに、いきなり「伸びるからいい」と伸びる素材を持ってくると、伸びだけに頼ったブラジャーが出来上がってしまう。そんなブラジャーを着けていると、身体は常時、戻ろうとする力によって締め付けられることになる。体にスパッとはまって、長時間着けても苦しくない良いブラジャーには決してならないのだ。

西田と堀江は伸びる素材の開発にもうるさかった。

〈よく伸びるものを使うと、止まる基準がわからなくなっちゃう。どこまで伸びたら気持ちのいい緊張感のところまで来るのか。「伸びはここまでにしてくださいよ」と作る方の立場で（生地屋に）お願いする。こういう生地ないの？　作ってくださいよということになる。じゃあ、何メーター発注したらやってくれるのと。それがわれわれ小さな会社だと生産ロットにならない。だから会社が小さいとものすごく苦労する

んです。〉

小さい会社が生きていこうと思えば、よそよりいいものを作らなければならない。いいものを作ろうと思ったら、素材を選ばないといけない。自分たちの求める機能の生地がなければ、作ってもらうしかない。

大阪船場（せんば）の「ヤギ」という繊維商社に藤本三治（ふじもとさんじ）という男がいた。ヤギは百年以上の歴史を持つ繊維専門の大手商社で、当時の年商は二千五百億円。カドリールはヤギから素材を買っていた。藤本は、ヤギでランジェリーやファウンデーション関係の生地のコンバーターをやっていた。原糸メーカー（紡績）が作った糸を機屋に持って行き生地に加工してもらう。できた生地は繊維問屋を経て縫製メーカーに渡り、縫製メーカーが製品にする。糸から製品に至るこうした分業の流れの仲介をするのが商社のコンバーターである。

藤本はこの頃、「カドリールちゅうとこはなんや毛色の変わった会社やな」と思っていた。

〈非常に特殊というか、スペックの要求の厳しい会社やったんです。わたしはテキスタイルコンバーターをやっている立場で、日本ボディファッション協会のメンバーの皆さんを全部知っていた。知っていた中で、カドリールニシダはまったく違った素材要求をしてくるんですよ。

例えば、生地の伸長度の範囲が狭い。どのくらいのパワーをかけたらどれだけ伸びるか、その基準が狭い。厳しい。よそはもっとルーズ。言われた基準の中に生地をはめ込まないといけない。これはアカン、これはイケるというのをわたしらは物性検査をして測りますけど、堀江先生は触っただけでわかる。もの作りについては素材から繊維も含めてこだわりのある会社で、商社育ちの人間とはまったく違うビジネスのやり方だとわかってきた。〉

商社というのは薄利多売。量産して大量に売っていく。利益はあまり取れない。しかし、カドリールの要求するものを作っていると利益が取れたという。商社の営業マンとして口八丁手八丁、薄利多売の商売ばかりやってきた藤本にとって、それは驚きであった。

藤本は後に西田から誘われ、働き盛りの四十八歳でカドリールに転職する。年商二千五百億の会社からの転職である。

商社のやり方では今日のビジネスが来年のビジネスにつながらない。今年はこれで売っていても、来年になったら別の商社がもっと安い価格で下をくぐってくる。価格競争になるしかない。それは不毛だ。やはり同じものを売るのであれば、世の中のためになる、求められているものに関わりたいと藤本は考えたのだ。西田の信念、もの作りへのこだわりに感銘を受けて決めた転職だった。

商社出身の藤本はそれまでのカドリールにはいなかった人材であった。実直で数字に非常に強い。彼はＦＳを作ることを社内に広めた。

ＦＳ（Feasibility Study）とは、直訳すると「事業可能性の検証」。事業をスタートする時には必ず経営者が要求されるものだ。今では当たり前のことではあるが、会社には将来の青写真が必要であるということを藤本が植え付けたのである。

飛躍　シャルレとの出会い

一九七九（昭和五十四）年のことだ。

神戸から林宏子（はやしひろこ）と名乗る女性がカドリールを訪ねてきた。聞くと夫婦でシャルレという会社を経営しており、パーティー形式で下着の販売をしているという。代理店の販売員が家庭を訪問し、そこに集まる主婦を相手に試着しながら接客して、ブラジャーやガードル、ボディスーツなどを買ってもらうというのだ。家の中でワイワイお喋りしながら気軽に試着ができるというのが好評だった。

販売する商品は東京の業者から分けてもらっていたのだが、事情があって必要な量の商品が手に入らなくなってしまった。ワコールやトリンプなど大手の会社に、商品を出してもらえないかと頼みに行ったが相手にしてもらえず、カドリールを訪ねて来たということだった。

「これと同じものを作ってください」と言われ、それまでシャルレで扱っていた商品を見せてもらった西田は、ひと目見て、

「こんな体に合わない品物はやめた方がいい」

と林に言った。良くないものは見ただけでわかるのである。

「こんなものを売ってお金をもらっていたのでは、あなたの名折れになりますよ。こういう商品をわが社で作って納めることはできない。しかし、もっといいものを作ることならできます。ホームパーティーで試着していただいて、絶対にお客さまを満足させる自信があります」

この頃には、堀江の研究もずいぶん進んでいた。西田には自信があったし、家庭の茶の間で気楽に試着ができるパーティー形式という売り方は下着にものすごく合っている、この話は願ったりかなったりだと考えたのだ。

林宏子は自信満々な西田に「ほんまかいな」と思った。

「そんなことをおっしゃいますが、お客さんは喜んで買ってくれています」

「それはお客に商品の知識がないから。本物を知らないからですよ」

「……わかりました。考えます」

林宏子はよく考えてみるといって帰って行った。


すぐにでも返事が来ると期待していた西田だったが、二カ月たっても三カ月たっても連絡がない。四カ月目に入り諦めかけていた頃、ようやく連絡があった。

今度は宏子の夫であるシャルレの林雅晴（はやしまさはる）社長も一緒に現れた。西田は堀江昭二をふたりに紹介し、ブラジャーやボディスーツを前に、本物の下着とはどういうものか、その作り方などにも話が及んだ。

宏子は販売の現場で主婦たちを相手に接客する中でたくさんの疑問や問題点を感じていたから、それを西田や堀江にぶつけた。彼女は芸術や文化にも理解度の高い女性で、話す言葉は的確だった。

ブラジャーは体型の崩れかけた女性が胸の形を整えるためにするものなのに、市場に出回っているのは、胸の形に合わせてそれらしく作られているものがほとんど。伸びる素材で締め付けられるか、手を上げると同時にブラジャーがずり上がってくるようなものばかり。なんとか本物のブラジャーを作って日本の女性をあの不快感から救いたい。そう語る西田たちの言葉は林夫妻を頷かせるものであった。

夫妻はふたりに共感、勇躍し、シャルレオリジナルのファウンデーション開発に乗り出すことになった……といけばよかったが、実のところ、林夫妻は半信半疑であったらしい。それでも、他に作ってくれる会社はない。だから「まあ、ここでいっぺんやってみるか」と、なかば仕方なしにそう決めたのだった。

ロングセラーブラの誕生

こうして堀江が作り出したのが、現在も「Cシリーズ」としてシャルレで販売され続けている商品である。当初、キャナリーという名で登場したこのブラジャーは、発売開始後の一九八一（昭和五十六）年から九五（平成七）年まで十五年連続で年百万枚以上を売上げるビッグヒットとなり、ギネスにも登録された。世界中を探しても、ひとつの型番でここまで売れたブラジャーはない。発売から三十五年経つが、今もシャルレの看板商品である。

ノンワイヤーのフルカップでノンパッド。堀江の「サイドサポート理論」によって、外側に流れがちなバストの柔らかい肉を内側に引き寄せてバストの高さを出し、スッキリ整える。素材から開発し、計算されつくした補整機能が凝縮されたブラジャーである。綺麗なレースやデコレーションが施された「かわいい」ものではない。しかし一度着けると、その着け心地に女性は虜（とりこ）になってしまう。

キャナリーは堀江の型紙と、研究し尽くした素材が絶妙のバランスで組み合わさってできた作品だった。ブラジャーは型紙と素材がバランスよくマッチしなければならない。型紙と素材は表裏一体なのである。だから、これだというものが見つかるまで何度も生地を取り替え、生地の開発にかけた時間は膨大なものになった。

ファッション産業は下着も含めて、半期に一度新作が出るという目まぐるしい世界である。翌年になったらもう同じものは店頭に出ていないというのが普通だ。シーズンごとに目新しさを売っていく。メーカーの多くがそうなってしまっているし、消費者もそういう認識を持っている。しかし本当にいいものは定番となってロングセラーで残り続ける。キャナリーの大ヒットはシャルレとカドリールの売上を飛躍的に伸ばした。これはまさに、西田と堀江の存在があってこそ生まれたブラジャーであった。

〈(堀江は) ちょっと出ない天才だろうね。文句なしにナンバーワンだと思うね。もしワコールさんにいたら、もっと世界的に有名になっているでしょう。かえすがえすも彼のためには残念であり、ボクにとってはありがたかった。でも、結果的に自分の好きな研究ができたのはうちに来てからだと思う。何の注文もつけないで何年も自由にやらせたから。

でも一発で逆転したからね、シャルレさんのキャナリーで。あれ一発で全部挽回してくれた。よく言われたもんだ。あんたよく堀江さんみたいな人、養ってるねぇって。あんなうるさくて偉そうで左甚五郎。気が向かんと仕事せえへんし、挨拶しても知らん顔してるし、モノ投げつけるしって。

キャナリー作るまでに三〜四年かかってるもんなあ。それでもひと言も文句言ってない。でもよく言ってましたよ。こんなに自由にやらせてくれるのはうちの社長だけやって。そう言うてた。社長、ボク言うてくれたらなんでもするさかい忘れんといてなって。うれしく聞いたけどね。気持ちは通じてるなと。〉

人間関係とはそういうもの。利用するために付き合うのではない。この人と思うから、とことんまで付き合うのだ。

西田は堀江が望むように贅沢をさせた。絶対にノーは言わなかった。

西田はトヨタのカローラからスタートして、今も贔屓のトヨタ車に乗り続けているが、免許を取ったばかりの堀江の乗り初めは、なんとボルボ。外車を所望されて、西田は「ええっ」と驚きながらもその車を買ってやり、その後もBMW、マセラティ、ベンツ、ポルシェと高級外車路線が続いた。堀江は美意識が高く、いいモノしか持ちたがらない人間だった。

金兄弟との運命的出会い

カドリールが創業した昭和四十年代は、高度経済成長の真っ只中である。働き手は都市に集中し、物価が上がり、労働賃金も目に見えて上昇していた。縫製工場で働くのは主に若い女性だが、高校や大学に進学する女性が目立って増え始めていた。すでに下着業界では、カドリールがそうであるように、山陰や北陸など交通不便な辺鄙(へんぴ)な場所でなければ、働き手が容易に見つからない状況になっていた。

成熟化する社会では、花形産業が次々と現れる。「縫い子」という言葉で語られる職業はイメージも悪かった。本当は縫製とは自分自身の技術であり、誇れるものであるはずなのだが。

「韓国に下請け工場を」と西田は考えていた。当時の韓国はまだ発展途上国。クーデターによって政権を奪った朴正熙(パクチョンヒ)大統領（朴槿恵(パククネ)現大統領の父）の下、厳しい軍政が敷かれていた。国は貧しく、低賃金で雇用できる若い労働力が豊富だった。なにより日本から近い。実際、量販店で売られている低価格のブラジャーは韓国製が多かった。しかし、西田には伝手(つて)がない。

そんな時、たまたま顔見知りになった呉服屋の主人がいた。韓国に着物の刺繍の下請けを頼んでいると聞いて、西田は飛びついた。

「ぜひ私も連れて行ってください！」

「じゃあ、今度行く時、一緒に連れて行ってあげるワ」


念願かなって、飛行機でソウルの金浦空港へ。まだ小さな空港だった。市内の道路も未舗装で、真ん中に大きな穴が開いていたりした。

呉服屋の主人は自分の仕事がある。西田は彼が紹介してくれた縫製工場へひとりで出かけた。行ってみるとミシンが四台ほどしかなく、工場といえるようなところではない。人の良さそうな顔の男性がブラジャーを縫っている。これじゃアカンと西田は落胆した。

工場が見つかったらテスト的に縫ってもらおうと、西田は日本で裁断して縫えばいいだけにした材料を持って来ていた。縫ってもらえば先方がどれくらいの技術を持っているかわかるからだ。

落胆はしたが、しょうがない、これもご縁だ。西田はその人を相手にブロークンな英語でブラジャーについて話をした。彼は英語の先生をしていると言い、なんとか英語でやりとりができたのである。

「ブラジャーを作るのに何が大事か。まずいい型紙を作らないといけない。その次にいい素材を選ばないといけない。裁断は極めて正確にしないといけない。裁断が悪いと、裁断が悪くていい製品にならないのか、縫製が悪くていい製品にならないのかわからなくなるでしょ」

などと話して、西田は裁断のやり方も教えた。

いちばん下に紙を敷き、重ねた生地をはさんで、一番上にも紙を置く。その上に型紙を置いて、紙が動かないようにクリップで留める。そうして裁断にかかる。現在は精巧な裁断機があるが、昔はそんなものはなく、包丁のような形の柄の長い器具で切っていた。布は百枚くらい重ねるが、真っすぐに包丁を入れるのが難しい。うまくやらないとずれてしまうのだ。だから重ねる布は裁断が狂わない程度の枚数にするしかないが、半分にすれば同じことを二回やらねばならず手間がかかる。

「ついついなんでもいいやというやり方をするのは安物。いいものは裁断後の下の紙と上の紙がきちっと一致している。だからそれで判断しなさいよ」

そう丁寧に教えると、彼はたいそう喜んだ。あんまり喜んでくれるもので西田もうれしくなり、持って来ていた材料を全部あげて帰って来た。

「これ全部、縫い代五ミリで縫ってみてください。ブラジャーになるからね」

帰国は翌日だった。

西田が金浦空港でチェックインしていると、遠くの方から「ミスターニシダぁ、ミスターニシダぁ」と呼ぶ声が聞こえてくる。韓国に知り合いなんかいないのにいったい誰だろうと振り返ってみると、昨日の英語の先生であった。手に何か持って一生懸命に振っている。いったい何かと思って見たら雉の剝製だ。

「これをあなたにあげる。なんにもお礼のしようがないから、これをお土産に持って帰ってください」

大きな雉の剝製を手に、西田は帰途についた。そんなものを持っているというのに、なぜか出国ゲートは検査もなくすんなり通れた。日本に入る時もノーチェックで税関を通過できたのが不思議であった。家を新築した時に処分してしまったが、お土産の雉を西田はずっと大事に持っていた。雉をくれた英語の先生は、西田の好意がよほどうれしかったのだろう。


一度目の韓国工場探しの旅はこのように不首尾に終わったが、西田はあきらめなかった。日韓貿易をやっている知人の伝手で、ソウルの役所に勤めているという人に工場を十二社も紹介してもらえたのだ。早速、伝手をくれた知人に連れられて再び韓国へ飛ぶ。

「求めよ。さらば与えられん」

韓国語はまったく話せないが、工場を見つけたい一心の西田は、その昔バイブルクラスで学んだキリストの言葉を胸に、ひとりでタクシーに乗り、リストにある十二社を端から順に訪ねることにした。

三軒目までは縫製ではなく紡績の工場だったので、問題外。四軒目でようやく西田の希望にぴたりと合う工場に出会った。こぢんまりとした縫製工場だった。二階建てのマンションのような建物で、上の階にミシンが百台ほど並んでいる。

「これはいい」と西田は思った。

金均(キムキュン)という社長はハンサムで痩身。西田のひと回り下の申年生まれだった。今ではキムは日本語が喋れるし、西田も韓国語がペラペラだが、この時はブロークンな英語と身振り手振りだけが唯一の商談手段である。

「ボクはソーイングファクトリーを探している。あなたにオーダーしたらソーイングするか?」

「してもいいケド、条件がいろいろアル」

その時から商談がまとまるまで、西田は毎月一回ずつ韓国に通っては、キムをホテルに呼んで語りあった。自分が作りたいと思う性能の良いブラジャーのこと、ブラジャー製作の技術的な問題などについても英語を駆使して一生懸命話した。キムは毎回熱心に西田の話を聞き、相通じるものがあったのだろう、「今の仕事を全部やめてでもあなたと仕事がしたい」と言ってくれた。

曲線が多くパーツも細かいブラジャーを正確に縫製するのは難しい。同じものを縫っても工場によって完成品の着け心地が違うというほど、縫製が仕上がりを左右するのだが、キムの工場は技術指導がしっかりしていた。キム自身が真面目で研究熱心な男だったから、西田はこの工場なら安心できる、難しい縫製でも信頼して任せられると考えた。

金均には、釜山で会社勤めをしている二歳上の金博（キムパク）という兄がいた。その金博が、しばらく後に工場の社長を引き継いだ。ありがたいことに兄の方もたいへん真面目な好人物であった。どうすれば取引相手である西田の役に立てるかと、常に利他的に考えてくれる人間なのである。

当時、質より量を重んじる「押し出し輸出」をする韓国人が多かった中、キムたちは違った。生産能力を一〇〇としたらオーダーを八〇パーセントのみ受け、残りの二〇パーセントは品質維持に神経をつかうという品質本位の考え方で西田の期待に応えてくれたのである。

その頃の日本では、まだジグザグミシンが開発されていなかった。伸びる素材はジグザグミシンでないとうまく縫えない。アメリカのシンガーミシンの中古が何カ月かに一度百台ずつ入ってくるが、羽振りのいいワコールがほとんど入手してしまう。西田はそれをなんとか頼みこんで二〜三台だけ分けてもらい、せっせと飛行機で韓国に運んだ。

鉄製のミシンであるから、その重さたるや半端ではない。しかし、一台では飛行機代がもったいない。西田は両手に一台ずつぶら下げて、毎月二台運んだ。

「これを持って行けば、またキムさんが喜ぶぞ。そしたらもっと発注増やしても大丈夫だな」

そう思えば、重いミシンもちっとも苦ではないのだった。

韓国語も勉強した。言葉ができないと、工場とのやりとりの中でしばしば誤解が生じる。それを無くしたいと思ったからだ。

韓流ブームなどはここ十数年の話。昭和四十年代半ばの日本で、韓国語の勉強をしようと思っても容易ではなかった。

ようやく韓国の書店で日韓日常会話の本を見つけ、買って帰った。付属のカセットテープを車に備え付けの再生機に放り込み、車に乗るたびに反復練習する。かつてのめりこんだ英語の勉強と同じやり方である。とにかく大きな声で真似をする。日本語にはない韓国語の特徴はパッチム（母音の後についた子音の唇を閉じて終わる読み方）と強烈な破裂音だが、これを徹底的に練習した。

六カ月それをやったら、かなり達者に喋れるようになり、今度は発音が良すぎて韓国人に間違えられる始末。後年、西田はキムに招待されて、キムの会社の社員数千人を前に得意の韓国語で数十分の演説をしたが、これを見たカドリールの社員たちは驚きのあまり言葉が出なかったそうだ。

キムの工場とのつき合いは二十五年ほども続いたが、その間には彼らにも、かつての西田がそうであったように資金事情の苦しい時期が訪れた。

ある時、天安に工場と社屋を建てることによって資金繰りが厳しくなった。それを知った西田はこんな提案をした。

「キムさん、二十年間あなたが熱心に助けてくれたからわが社はずいぶん大きくなった。今、天安の工場と社屋を建てるのに厳しい状況だと聞いている。誤解せずに聞いてほしいんだけれど、これからは商品の代金を信用状（L/C）の代わりに現金で送るから、そのお金をうまく運用してみてください」

この当時、韓国の金利は年十五〜十六パーセント、日本が三〜四パーセント。大きな差があった。キムの自尊心が傷つくことを考慮した、慎重な提案。もちろん担保はとらなかったし、無利子の資金援助であった。約五年間、この援助を西田は続けたのである。

出張先で火事に遭う

環濠（かんごう）集落として知られる奈良の今井町に「三幸産業」というサニタリーショーツの専門メー

カーがあった。専務の兄と、常務の弟が中心となって経営する同族会社で、兄の吉川専務は面倒見がよく、特に西田と気が合った。スーパーのイズミヤに商品を出していた時に知り合い、カドリールがこまごまとした商品の納品にてこずっているのを見かねて配送を手伝ってくれたのが縁で親しくなったのである。

エトワール海渡の発注でサニタリーショーツを作った際、クロッチ部分の防水素材をここから仕入れたこともある。フラワーカットという、クロッチ部分を花の形にデザインしたエレガントかつ斬新なサニタリーショーツは永田勝子のデザインによるもので、人気商品だった。

また吉川専務は中小企業の財務会計にも詳しく、奈良から電車でせっせと通って来ては、経理の藤川に財務上の問題についてアドバイスしてくれたりもした。韓国の縫製工場を探すに当たって、伝手のある知り合いを紹介してくれたのも、この吉川専務である。

一九七四（昭和四十九）年、西田は吉川専務と一緒にソウルにやって来る。

首都ソウルといえども、発展途上の韓国はホテルも安っぽかった。チェックインすると五階の部屋をいわれたが、何度か泊まったことがあった西田はここのエレベーターが遅くて時間がかかるのを知っていたので、フロントに頼んで部屋を替えてもらった。

「五階はいやだ。階段で行ける二階にしてくれ」

部屋に荷物を置いた後、下請け工場のキムも一緒に三人で夜の町に繰り出した。見ると綺麗なビルが眼に入った。

「韓国も綺麗なビルがあるなあ」

西田が言うと、キムが答えた。

「このビルは去年火事で燃えて建て替えたんだ」

「そういえばソウルは火事が多いねぇ」

そんな話をした夜半、部屋に戻ってシャワーを浴びようと服を脱いでいたら、窓の外を何かがバラバラ落ちてくる。ガラスだ。バシャンバシャンと割れる音もする。いったい何事かといぶかったが、なに、そのうち終わるだろうと西田は高をくくっていた。

すると、今度は上から「ウワーッ」という男女の声が降ってきた。この時期、韓国は夜間外出禁止令が敷かれて、夜十二時過ぎの外出は禁じられていた。静かなはずの夜にこの騒動。韓国人はずいぶん派手な痴話ゲンカをするもんだなぁと、西田はのんきだ。

しかし、いつまでたっても声が止まないので、さすがに不審に思い始め、窓を開けて上を見た。四階からすごい勢いで火が噴き出していた。

「吉川さん、上が火事みたいだよ。どうする？」

「そら西田さん、火事やったら出ないかんのとちがう？」

「じゃあ、出ようか」

荷物をトランクに入れ、身体に着けられるものは全部着けて外に出た。自分では落ち着いていると思っていたが、後で見たらシャツは裏返しだし、ホテル備え付けのルーム案内の冊子までトランクに詰め込んでいた。

二階から一階に下りたとたん、向こうから煙が来た。慌てて逃げたが煙の方が早い。追いつかれて煙を吸い込んでしまった西田は「これは死ぬ」と思った。すさまじい激臭と刺激。ホテルの財産まで詰め込んだトランクは重かったが、とにかく吉川とふたり必死で走った。

やっとの思いで外に出てみると、辺りも煙が立ち込めている。上から垂らしたシーツにすがって下りてくる人が途中で手を離して落ちてしまう。ドーンという音が響いてくる。倒れている人が大勢いる。ホテルの周囲は騒然とし、警察が取り巻いていて動けない。

下請け工場のキムも夜間外出禁止令で家に帰れなくなって自分たちと同じホテルに泊まったはずだがと思い、警察に見つからないように壁に張り付いて移動しながら探した。いた。

〈道の反対側でね、もうぼろぼろ涙流して泣いてる。大きな身体で。ボクも吉川も五階で寝てるもんだと思ってるから、死んじゃったって泣いてるわけですよ。「おい、キムさん」て言ったらびっくりしてね。大喜びでボクんとこに飛びついてきた。〉

三人は無事を喜び合った。心配しているといけないからと、吉川はすぐに家に電話をしに行ったが、西田はここでも高をくくる。

「こんな夜中やし、まだ日本に火事のニュースなんか伝わるはずないよ」

「そう言うけど、もう六時でっせ」

大丈夫にきまってるがなとひと眠りしてから電話したら、カドリールでは「社長は死んだ」と大騒ぎになっていた。妻の久美は「生きた心地がしなかった」と言い、いくらなんでも無事の連絡ぐらいすぐしろと、西田は帰国後、皆からずいぶん油を絞られた。

火災の原因は漏電。八階建てホテルの四階・五階が全焼し、宿泊者百四十人中、十九人死亡(日本人七人含む)という大惨事だった。

ホテルの部屋を取り替えてもらったことなど、後にも先にもこの時だけである。どうしてあの時、二階にしてくれと言ったのか。考えてみるが、自分にもよくわからないのだ。

韓国撤退

キムの下請け工場にはカドリールのために二十五年働いてもらったが、韓国経済の発展に伴って労働賃金が急激に上昇し、下請けの継続が難しくなってきた。かつてのように低賃金とはゆかず、やればやるほど赤字になってしまうのだ。

これ以上キムの工場と付き合うと、こちらも潰れてしまう。西田は悩む。発注をやめるのは簡単だが、そんなことをすればキムの工場は仕事を失う。こちらだけのうのうと商売を続けて相手が潰れるのは見ていられない。西田は赤字覚悟で発注を続けた。最終的にすべて撤退するのに五年かかってしまい、社内からもいろいろ批判を浴びたが、後悔はない。

完全に引き上げる時、西田はキムに土産を残した。型紙だ。

「これまでカドリールで発注した商品の型紙は全部自由に使っていい。ただし、その型紙を使って一枚でも日本に輸出したら絶縁だよ」


その後、キムさんこと金博は西田の型紙を使って、韓国で初めての下着のシステム販売会社アルトウェルを興し大成功を修める。

企業の脱税が当たり前のように行われている韓国で、アルトウェルは毎年、高水準の利益を上げながらクリーンな経営を続けていることで注目され、「韓国の優良企業五十社」にも選ばれ、最終的にはなんとナンバーワン企業に選出されたのである。

引退した現在、キムは、韓国政府の主要閣僚、財界の有力者、学界の有識者などのそうそうたるメンバーと定期的に晩餐会を主宰し、中立的な立場でさまざまな課題について議論し、良き国の将来を提言していく先達となっている。

彼は、韓国の月刊誌のインタビューでこのように語っている。

〈私が会社の企業理念を利他主義に決めたのは理由があります。私が約十年サラリーマンの生活の後、初めて事業に飛び込み、初めてのバイヤー（西田）に会った時、どうすれば彼の役に立つかと思いました。事業をはじめて興したから心が純粋できれいだったでしょうね。私がどう努力すればこの方が稼げるのか、この方の会社が発展できるか、そこに焦点を合わせました。そして熱心に頑張ってきたらその方もわたしの心を分かってくださり、私たちのみと取引をしてくださいました。〉

自分の利益を考える前に相手の利益を考慮する。それが回り回ってやがては自分の利益として還ってくる。そうした循環は望ましい社会の実現にもつながる。インタビューの中でキムはそう話した。

「人」を先に思うか「私」を先に思うかの順序が違うだけで、考えてみれば簡単な原理である。しかし実際に行うのは難しく、目先の利益に目がくらむ人間を誰が愚かだと責められよう。純粋なキムが初めての事業に取り組んだ時に、「会社の儲けよりもお客さまが喜んでくれるモノ作りを」と考えてきた西田と巡り合えたことは幸運だった。

今では富豪といってもいいほどの大変な財産家であるが、すべては西田のおかげだと思っているキム兄弟は、今もなお西田を「親父（アボジ）」と敬愛してやまない。

夢を語る若き日の金博（左）と西田

青島カドリール

一九九一（平成三）年。韓国からの撤退を準備していた西田は、次なる海外の生産基地は。中国だと考えていた。

さて、どうやって出て行こうか。

そんな折、リバーレースで大成功していた世界のトップメーカー・栄レースが中国の青島に工場を建設するというニュースが日本経済新聞紙上で報じられた。栄レースの土井社長は繊維商社の出身。その社長が「ここがいい」と決めた場所は、きっと日本人に向くはずだ。栄レースとは取引もある。相談に行くと、土井社長もカドリールが進出するなら願ってもないことだと喜んでくれた。西田は現地に飛ぶことにした。

チンタオビールで有名な青島は、山東省に位置する港湾都市だ。海沿いの景色が美しい中国の二大リゾート地のひとつで、四季のある気候も日本に似ている。日清戦争後、長らくドイツの租借地となっていたので、オレンジ色の瓦屋根で統一された町並みに、今もなおヨーロッパの風情が漂っている。

日本企業の中国進出は歓迎されていたから、チンタオの土地管理局がマイクロバスを用意して、現地の土地を七ヵ所、候補地として案内してくれた。

が、土地選びはひと筋縄ではいかなかった。案内される候補地候補地、どれひとつとしてこれはというものがない。墓地裏の土地などを勧められても困るのである。青島にはこれほど有り余る広い土地があるというのに、なぜもっと適地を紹介してくれないのか。西田はだんだん苛立ってきた。

ところが、最後に連れて行かれた場所が心を捉えた。市の中心地と空港のちょうど中間あたりの、幹線道路に沿ったゆるやかな斜面である。牧歌的な景色が広がり、四頭ばかりの牛が、ゆっくりと草を食(は)んでいた。

ひと目見て気に入った西田が

「ここがよい！　ぜひここを手に入れたい」と言うと、

「いや。候補地はそっちではない。道路の反対側のほうだ。こちらは公園の予定地に決まっているので売るわけにはいかない」

反対側は谷に向かう下り斜面。印象が全然違う。問題外であった。

「どうしてもここがよいのだ。売ってもらえないのか？」

「ダメだ」

「どうしてもダメか？」

「公園の予定地なのだ」

土地管理局は西田の希望を突っぱねた。是非もない。

同行していた藤本がさかんに「さっきの墓地の裏でもいいから、とりあえず唾をつけておきませんか」と気を揉んだが、西田はすでに心を決めていた。

「ここがいい。工場を作る場所は、絶対にここだ」

いったん帰国し、西田はあらためて戦略を練った。伝手を手繰りに手繰り、中国人の女子留学生を紹介してもらって、彼女の力を借りて青島市長にこんな手紙を書いたのである。

《日中友好二十周年記念にあたり、私は中国に工場を建設したいと考えている。上海にも候補地があるのだが、私は風光明媚な青島こそ建設地にふさわしいと思っている。ところが、希望する場所に土地管理局の許可が下りなかった。私はたいへんに残念である。市長のお力でなんとかならないものだろうか。》

上海にも候補地うんぬんは、もちろん西田得意のハッタリだ。

すると一週間で返事が来た。

《上記の土地をあなたのために許可する。》

西田は再び大阪国際空港から青島に飛んだ。空港の免税店でエルメスの一番いいネクタイを買い、それを締めて青島に入った。

申請許可をもらった西田は、晴れて例の公園予定地の一万五千平米を購入することにした。

「青島の雰囲気を十分に取り入れて、青島で一番美しい工場にしてほしい」

兪正声（ゆせいせい）・青島市長（当時）は、そう西田に頼んだ。

市長との初対面で西田のやったことがふるっている。お近づきのしるしにぜひネクタイを交換してくれと市長にせがんだのである。

西田のネクタイは空港で買ってきたばかりの新品。それもエルメス。それをほどいて市長にプレゼントし、相手のネクタイを受け取る。西田は満面の笑み。

「このネクタイは中国の匂いがする！　チャイニーズグッドスメル！」

この調子のいい西田のパフォーマンスに青島市長は「びっくらこいた」であろう。座は大いに沸き、すっかり西田に魅了されてしまった青島市長が、以来、なにかとカドリールの力になってくれたのは言うまでもない。日本の政治家に見せたいような鮮やかな中国外交であった。ちなみに兪正声氏とは、現在の習近平(しゅうきんぺい)国家主席体制下のナンバー四である。

青島工場のデザイン設計は日本の建築士にやってもらう手筈であったが、現地には思わぬ制約があった。中国の建築士を使わなければ駄目だというのだ。そのため日本で起こしてもらった設計は「原案」とするしかなかった。

一九九三(平成五)年。いよいよ建設が始まってみると、次から次に問題が噴出した。現地の人間に任せると、水増しと手抜きのオンパレードなのである。平気で古い窓枠を持って来て、錆びているのもかまわず使おうとする。蛇口でも便器でも、任せておくと値段が二倍くらいになる。これはまずい、見張りが必要だ。材料の質を誤魔化されないように、購入の時は必ずついて行く。とにかく徹底的に管理した。あまりにチェックが厳しいので、うまい汁を一滴も吸えなくなった現地の作業員が腹を立てて帰ってしまうほどだった。

現場監督を雇えば、業者と現場監督当人が手を組んで手抜きや嵩(かさ)増しをする。現場監督を監督する人間を雇わねばならなくなり、頭の痛い話であった。

その頃、商社のヤギを辞めてカドリールに入社していた藤本三治は、現地責任者として年間百八十日青島に詰めた。気の抜けない日々に痩せる思いだったろう。

工場が完成すれば、腕のいい縫製員が必要だ。あらかじめ核になる女性を五十人ほど採用し、少し離れた場所にある国営工場の空いたフロア（なんとエレベーターなしの十四階だった）を貸してもらって、日本からミシンを持ちこみ縫製訓練を始めることにした。工場が始動したら彼女たちに縫製指導のリーダーになってもらうためだ。何十台ものミシンを十四階まで運び上げるのが大変だったのは言を俟たない。

この訓練を取りしきったのは裁断のうまい長谷川英温と、西田の娘婿である井上誠治（現・カドリールインターナショナル取締役社長）だ。青島工場設立の総経理を任ぜられていた井上は、東京大学卒業後、伊藤忠商事に入社。西田の長女と結婚後も、長らく絹生地を扱う部署にいたが、一九八九（平成一）年に伊藤忠を辞めてカドリールに入社した経緯がある。

国内工場時代から、常に工場立ち上げの中心となって働いてきた長谷川には従業員の採用に際しての方針があった。「経験者はいらない」というものだ。変な癖がついている経験者は使わず、まっさらの若い子を採用する。工場が完成して従業員の募集をかけた時には、六百人の募集人数に対して三倍の応募があったが、採用は二十歳までとした。

青島工場は一九九四（平成六）年九月に完成、操業を開始する。ミシン七百台、従業員六百人。市長の願いどおりの、これが工場かと思うような瀟洒な建物が出来上がった。玄関も事務所も大理石造りでホテルのよう。もっとも、これは大理石が安かったからであるが。

それまで、韓国の他はすべて日本国内の専属工場（カドリール製品だけを縫製する）で生産してもらっていた。青島に進出することになったものの、これら下請け工場をカドリールのほうから切るということはしていない。すべての工場のオーナーを青島に招待して新工場を見てもらい、「中国の地で今までの国内での関係を希望されるのであれば、われわれが全面的にバックアップします」という話をしたが、手を挙げるところは一社もなかった。バブルが崩壊して低成長時代に入った日本では小さな縫製工場は継続させるのが難しくなっており、工場側から声が上がってやめていくところがほとんどだった。能登の福浦で、最盛期には工場を拡張し「北陸カドリール」として生産の大きな一翼を担ってくれた下請け第一号工場も、後継者の意向でカドリールから去っていった。

現在、国内の縫製工場は九州の壱岐にひとつを残すのみである。

青島では文化の違いに戸惑うことが多かった。

工場には手洗い場やシャワー室を備えている。下着を扱うので清潔にしてもらおうというわけだが、なんと、従業員が家族を連れてシャワーを浴びに来てしまう。シャワー室の蛇口がいつの間にか無くなっている。蛇口を自分の家の配管に付けたらお湯が出ると思っているのだ。

握りばさみを百個出すと、終業時には三十個四十個と足りなくなっている。持って帰ってしまうのだ。それも隠れて持って行くわけではなく堂々としたもの。所有権というものがわかっていないのだ。「ダメだよ」と言うと、「なんでダメなんですか？　どこにもダメだとは書いてない」と返ってくるので頭を抱えた。

当時のボイラーの燃料は石炭が普通だったが、青島カドリールでは重油を焚くようにした。贅沢な会社だとおとがめもあったが、青島に行くからには、商品の性格からいって極めて清潔感のある明るい工場にしたいと西田は思っていた。

なおかつ、青島の従業員たちが腰を据えて仕事のできる働きやすい工場であること。できればそこに定着して、その土地の人々のための工場でありたい。そのために、作って持ち帰って商売するだけではなく、現地の女性たちにも自分たちの作ったものを使ってほしい、そして下着の文化を正しく伝えようと決めていたのだ。

青島工場は素晴らしいものになった。カドリールニシダの第一生産拠点として、設備、管理体制、生産能力、従業員の技術力、どれひとつをとってもどこにも負けない。そう西田は自負している。

操業開始から二十年以上がたった今、採用時に二十歳だった女性たちも、働き続けて四十代だ。工場には給食がある。栄養たっぷりでかなり美味しいらしい。昔はみんな痩せっぽちだったと西田は記憶するが、今では従業員たちのどこにもそんな面影はない。給食のせいもあるかもしれないが、中国は豊かになった。通勤といえば昔は徒歩か自転車だったのに、今では車が当たり前。工場の駐車場にはフォルクス・ワーゲンがずらりと並んでいる。

下着文化教室

戦後の日本女性がかつてそうであったように、一九九〇年代の中国の女性下着は黎明期だった。みんながまだ国民服を着ていたような時代である。西田は「下着文化教室」というタイトルを構えて、中国人女性に下着のカルチャーを伝える講座を開くことにした。

開催したのは大連、ハルビン、青島、北京、上海など十カ所を数えた。それぞれ三回ずつはやったであろうか。一回やると四百人ほど集まる。もちろん無料、お土産付き。販売会ではない。正しい下着の着け方、身体を美しく見せてなおかつ着け心地のいい下着とはどういうものであるかなどを三時間ほどかけて話すのである。

上海でやった時にはテレビ局と新聞社が取材に来て、「いったいこの下着文化教室はどんな趣旨でやるのか？」と聞かれた。お客も含め、皆にしたら不思議なのである。

「下着文化教室？　販売会とちゃうんかい？」というわけだ。

西田は答える。

「我々は青島に工場があって中国にお世話になっている。中国でモノ作りをさせていただいているのだから、やはりいい下着を中国の女性にも使ってもらいたい。洋装文化はまだ入って間がないもの。正しい文化を伝えるのも我々の使命だと思うので、そういう趣旨でやらせてもらっています。モノを買ってもらうためにやるのではありません」

それは素晴らしいとメディアも感心して大きく扱ってくれ、中国全土に放送された。金儲けの話ならばそうはならなかったであろう。

高橋は最初、西田の意図がさっぱりわからなかった。趣旨はよく理解できるが、会社は霞を食べているわけじゃない。実を取らないといけないのに、多額の金をかけてまでこんなことをして、いったいどんな実があるというのか。

しかし終わってみると、西田は大きな「実」を手に入れていた。

「こういう仕掛けやったら、高橋、日本人でも興味持たないか？　自分たちの費用で文化に携わることをやるなんて、普通なかなかないやろ」

会社の持ち出しでこんな活動をしてメディアが黙っているわけがない。莫大な宣伝になるし、それで正しい下着文化が伝わってくれたら悔いはない。「なるほどな」と高橋は納得した。

文化教室が終わっても、お客は皆帰らない。

「今の下着はどこで売っているのか？　ここで売るのか？」

「ここでは販売はやらない。商品は持って来ていない」

「じゃあ、どこで買えるのか？」

「今日は販売で来ているわけではないから言えない」

「そんなこと言わないで教えてくれ」

なかなかお客が引き下がらないので、仕方なく高橋が上海にある店舗を教えたら、一日で一カ月分を売り上げた。


下着文化教室は毎回大好評だった。日本語で三時間喋るということは、通訳が入るからその倍の時間がかかるわけだが、休憩もはさんでの六時間、客は誰も帰らなかったという。

中国の女性たちは下着は着けていたが、いいも悪いもわからないことでは日本の戦後と同じ。別に「われわれの下着はいいから買え」というわけではないのだ。むろん買っては欲しいが、西田の意図の所在はそちらではなく、中国女性の啓蒙であった。下着の質をきちんと見極めて正しく身に着けると、女性の美しさがより引き出される。まだ下着黎明期の仄暗さの中にいる人民服の中国女性たちに、そのことを知って目覚めてもらいたいのだった。

ベトナムへ　大胆きわまる決断

青島工場をやると決めてから一年ほどたった頃である。西田は周囲が驚く決断をした。

「次はベトナムでやる」と言うのである。

青島工場は完成したばかり。中国では簡単にことが運ばない場合が多く、右往左往している時にそんなことを言われて藤本三治は面食らった。

「ちょっと待ってくださいよ。まだ青島を回していかんとあかんのに、なんでまた今ベトナムなんですか」

「中国にはカントリーリスクというのがある。万が一あの国で何かあったら、取引先に大きな迷惑をかけることになるだろ。それだけは避けたい。だからベトナム工場もやる」

確かに中国には教科書問題などで反日的な思想が根強く、不透明な政策運営や労働者の質の問題、経済法制度の未整備などのリスク要因もいろいろ抱える。しかし、なんで今なのか。

西田は「商売とケンカは一緒だ」と思っていた。他の人が「こりゃあ、やばいな」と尻込みすることでも、「オレがやったる」と飛び込む思い切りの良さがあった。向こうみずともいえる開拓精神と度胸。それが商売ではものすごく役に立っていたと思う。

ベトナムは商社などから情報を得て決めた。周囲はこぞって反対したが、西田が先へ先へと手を打って海外基地に投資したことが、今となっては会社を救ったと藤本は述懐する。

〈素晴らしい勇気と判断でした。経営者というのはそうでなければあかんのですワ。それがよくわかりました。〉

現在、中国の生産原価は加速度的に上がっている。最近でこそ頭打ち状況が伝えられているが、二十一世紀に入ってからのめざましい中国の経済成長ぶりを見ればわかるだろう。社会主義市場経済と銘打って資本主義化が進められる中で、国民に約束した所得倍増。最低賃金を毎年一五パーセントずつ上げる。先端産業にシフトし、アパレル製品など製造業は他の東南アジア諸国に押されるほどになってきた。早い段階でベトナム工場の建設に踏み切っていたカドリールは、こうした状況の変化にまごつくことなく対応できたのである。

ベトナム工場には青島の翌年度に着手した。

まずは共産国ベトナムの国営企業である衣類メーカー、レガメックス社のホーチミン工場に長谷川英温と女性の縫製指導員を派遣し、状況の把握をさせた。ひょっこり現れてこの工場を紹介してくれたのは、元トリンプ社員だった進藤（しんどう）であった。

ベトナム戦争が終わって二十年足らず。当時のホーチミン市はインフラが皆無に近かった。町に信号機すらない。少し郊外に至るとトイレもないから、草むらで用を足すしかない。男はよいが、女性は困ったであろう。

海外進出に関わる事業許可の手続きは、経理の藤川麗子が単身ベトナムに出かけていっさいをこなした。六十歳になっていた藤川は会計を後継者にあっさり委ね、ベトナム行きに臨んだのである。先に進出していた伊藤忠商事が、事務所として部屋を提供してくれた。

当時のベトナムにおいて海外事業者が事業許可を得るには、ひと筋縄ではいかない複雑な手続きが必要とされた。わからないことだらけの中、藤川も相当に悪戦苦闘したが、ちょうどその頃、元トヨタ社長で経団連会長の奥田碩（おくだひろし）がベトナムを訪れ、当時、日本から投資を希望しても、あまりにも手続きが難しいのでためらっている企業が多いということをベトナム政府に示唆してくれた。その発言が後押しになったのが、カドリールにとってはラッキーだった。

建設地にはビエンホア市にあるアマタ工業団地を選んだ。工業団地に建つ工場には、ベトナム国内での内販が認められていたからだ。団地内にはまだベトナム戦争の傷痕が残り、工事現場一帯ではよく不発弾が爆発していた。当工場の整地の際にもたくさんの不発弾が見つかったというから恐ろしい。

この土地に外資を誘致するベトナム政府の政策は、爆弾の処理をさせるためだったのではないかと藤川は疑っているが、このような状態の中、団地内では花王が大規模な工場を建設しており、何かと便宜を図ってもらえた。

「カドリールヴェトナム」は青島に次ぐカドリールニシダの第二工場として一九九六（平成八）年に操業を開始した。伊藤忠商事と、元トリンプ社員の進藤が作ったケーシーエス社の三社合弁であるが、カドリールが大半を出資している。

建物は大成建設に依頼した。青島工場とは違い、一階建てで柱のない雨天体操場のようなスカッと広い工場だ。主に日本、ヨーロッパに向けての製品を作るが、「カドリールベラ」というブランドでベトナム国内における内販も行っている。

この工場では最初五百人を募集し、数日かけて面接をした。採用年齢は青島と同様二十歳未満。「結婚していてもいいが、妊娠はしていないこと」という条件だった。藤川が面接官だったが、きっちり騙された。

〈みんなお腹が大きくなっちゃってね。毎月三十人くらい産休なんです。とっかえひっかえ。平気なの、みんな。お腹が大きいのに単車に乗れるだけ乗って通勤するんで

すよ。最高五人乗ってるの見ましたね。〉

長谷川がレガメックス社から五人を引き連れ、彼らが即戦力となってくれありがたかった。当時のベトナムの最低賃金は一ヵ月四十五ドルだったが、当社は六十ドルだったと藤川は記憶する。ベトナムはインフレで毎年七パーセントくらいずつ賃金が上がっている。ベトナム人の仕事ぶりは勤勉で優秀。アメリカが戦争に負けるのも分かる気がするという。

いずれの国でもそうであるが、外国企業の進出によってその豊かさを知るようになると、人はより高付加価値の職業を求めるようになり、集約型産業はやがて人手不足となる。労働賃金も上がる。

賃金の低い国へ低い国へと工場を移してゆくやり方でいくと、ベトナムの次はミャンマー、インド、さらにもっと安い国へという流れになるのかもしれない。しかし、安く作るために焼畑農耕のごとく海外の国を転々とすることを西田はあまり好ましく思わない。

あくまでもそこに定着して、その土地の人たちのための工場でありたい。現地の女性たちにも自分たちの作ったものを使ってほしい。それだけはずっと変わらぬ思いである。

5 ライセンスビジネスに取り組む

革新的デザイナー　ピエール・カルダン

「これからは、ピエール・カルダンの時代だ」

服部良夫は思っていた。さかのぼって一九六〇年代の話である。

西田の親友である服部は、明治大学文学部仏文科を卒業して鋼製家具を生産する会社に入社していた。

文学や美術に繊細で鋭敏な感性を持つ服部は、女性のファッションにも一方ならぬ関心をもっていた。そんな服部が、一九五七（昭和三十二）年に書かれたセリア・ベルタン著『パリ・モードの秘密』を読んで、巻末に数行だけ書かれたピエール・カルダンの記述になぜか目が釘付けになる。この人は特別な人だ、と感じたのだ。

カルダンは最初パキャンのアトリエに入り、スキャパレリの店を経てクリスチャン・ディオールの独立立ち上げにも参加したが、一九五〇年には自らのブランドを設立し、五三年からは気鋭のデザイナーとしてオートクチュールの世界に足を踏み入れていた。

服部はこれと決めた人間には一途にのめり込む男である。服部のカルダン熱は瞬く間に燃え上がり、会うたび、西田にもカルダンの報告を始める。

布地の魔術師と呼ばれ、「なたライン」や「コスモコール」などアバンギャルドで実験的なスタイルで衆人の目を見張らせていた当時のカルダン。熱を込めてそんなカルダンについて語る服部。

一方、西田には長く胸に温めてきたヨーロッパへの憧れがあった。本物の国へ行って、本物のブラジャーを確認したいという沸きかえるような思いである。

「服部くん、パリへ行こうよ」

西田は服部をパリに誘った。一九六九（昭和四十四）年十二月のことだった。

まだ一ドル三百六十円の時代だから、ヨーロッパ旅行などは高嶺の花。憧れのパリに行こうと言われて、服部は天にも昇る気持ちであった。

日本橋の高島屋では、一九六七年からピエール・カルダンのオートクチュールを扱っていた。

そこにはパリのアトリエから河野幸恵という日本人女性が派遣されており、カルダンファンの服部はいち早く彼女と懇意になっていた。服部は彼女に頼んで、カルダン社（カルダンのパリのアトリエ）でビジネスサポートをしていた高田美という女性に宛てて紹介状を書いてもらう。

高田美は一九一六（大正五）年生まれの写真家だ。明治・大正の一時期には三井物産や大倉組とも肩を並べる大手商社であった高田商会が彼女の生家で、創業者の高田慎蔵は祖父。戦後、単身フランスに渡ってジャーナリストとしても活躍したが、縁あってピエール・カルダンに気に入られ、カルダンのビジネスを助けていた。カルダンコレクションの専属カメラマンでもあった彼女は、日本に世界に一時期、カルダンブームを巻き起こした仕掛け人でもある。

クリスマスは終わっていたが、まだ煌びやかなパリの街に初めて足を踏み入れた男ふたりは、胸をときめかせてカルダン社を訪ねた。

高田美が「日本から来た坊やたち」を歓迎してくれ、「日本からこんな人たちが来たわよ」とカルダンに紹介してくれた。それは時間にすればほんの五分ほどだったが、ついにふたりは憧れの人との面会を果たしたのである。服部など、カルダン本人を目の前にしてあまりの緊張に口もきけないほどであった。

仏文科出身とはいえ、服部のフランス語はこの時点ではごくお粗末なものだった。カルダンとも十分な意思疎通ができるとは言い難く、街で通行人に道を聞いてもさっぱり話が通じない。ブロークンイングリッシュで臆さず喋る西田の方が難なくフランス人と会話を成立させてしまうので、服部はさすがに悔しかったらしい。帰国後、彼がフランス語会話を熱心に勉強したのは言うまでもない。

贅沢なオートクチュールから、一般の人でも手の届く安価なプレタポルテへと、モードの民主化活動を広げ、カルダンはデザインのみならず、映画・演劇・出版・食文化などに手を染めたりと、やることも前衛的であった。西田と服部はそんなカルダンにますます魅力を感じた。以後、ふたりは幾度となくパリを訪れてカルダンと親しくなっていくが、カルダンの方でも、ふたりの日本人をたいそう気に入ってくれたのであった。

一九七〇（昭和四十五）年、日本で大阪万博が開かれる。

カルダンの初訪日は一九五八年であるが、万博開催のこの年には、高田美がぜひにと勧めて万博会場で秋冬コレクションを披露した。西田と服部は会場を表敬訪問し、カルダンからサイン入りのネクタイをプレゼントされた。感激であった。

今をときめくカルダン一行は各地で熱狂的に歓迎された。テレビ局をはじめ、あちこちから引っ張りだこ。日本の歓迎ぶりにカルダンはすっかり気を良くしたらしい。

この訪日がきっかけとなり、日本でのピエール・カルダンのライセンスビジネスが始まった。Pのマークの付いたスカーフやタオル、時計、スリッパ、ありとあらゆるものがカルダンブランドの下に日本中で売られることになったのである。

一方、ブランドの使用許可を与えるという契約の持つ自由度が、玉石混交のとめどない商品を生み出すことになる。ライセンスビジネスはあまりにも拡大しすぎて、ブランドの高級イメージを損なう結果になってしまった残念な側面があるが、後にジヴァンシィやディオール、イヴ・サンローランなど有名デザイナーが次々にライセンスビジネスに参入し、日本にブランド旋風を巻き起こすその口火を切ったのはピエール・カルダンなのであった。

カドリールブランドへの夢

元号が昭和から平成に変わり、青島工場を計画する頃のカドリールはシャルレのキャナリーの成功で業績が伸びていた。その延長線上に、西田はひとつの夢を温め始めていた。

「いつかは自社ブランドを作りたい」

それは、ＯＥＭメーカーとして二十年余り、依頼先のブランドのために製品を作り、納め続けた西田が持って当然の夢であったろう。

いつかは自社ブランドを。

藤本三治はヤギからカドリールに移ったばかりの頃、西田がこんな話をしたのを記憶している。

「自前の商品をOEMで作るのも安定した仕事かもしれないが、それはあくまでも他人様のチャンネル。何が起こるかわからない。やっぱり自分の流通を持つということは大事だ。われわれの会社もシャルレで花が咲いたけど、それだけでいいとは思わない」

中国でカルダンを

得意先のブランド名で販売される製品を製造するOEMに対して、SPA（Specialty store retailer of Private label Apparel）は自社で商品の企画製造から小売までを一貫して行うアパレルの業態のことをいう。

SPAにはOEMと違って、自店の顧客ニーズを直接キャッチできるという利点がある。製造直売だからリーズナブルでもある。

逆に、自らの企画、製造であるためリスクが大きい。また、工場管理だけでなく店頭オペレーションまで幅広いノウハウが必要とされるので、今まで小売経験のないカドリールにはハードルが高かったのである。

そんな時、高田美が西田に電話をかけてきた。

「ねえ、西田さん。中国人がカルダンブランドを使わせてくれって言ってきてるわよ」

「えっ、ホントですか？ それ、ちょっと止めるわけにはいきませんか？」

「あら、なんで止めるの？」

「実は、ボクがやりたいなあと思っていたんです」


現在の中国には、経済的余裕のある沿海部を中心にありとあらゆるブランド物のファッション製品があふれている。しかしその中で知名度ナンバーワンのデザイナーはといえば、今でもピエール・カルダンだ。なぜなら、カルダンは一九七八年、文化大革命が終結してほどない共産圏の中国に世界に先駆けて乗り込み、数年後には中国初のファッションショーを開催して人々を熱狂させてみせたデザイナーだからだ。デザイナーといえばピエール・カルダン。中国国民にそんな刷り込みすら与えてしまったのだから、デザインにおける革新性のみならず、ビジネスにおいてのカルダンの先見性も尋常ではなかった。

カルダンブランドのライセンスビジネスは、その後の中国国内においてもむろんすでに展開されていた。しかし、まだファウンデーションには及んでいなかったのである。

それならばと、西田はカルダンブランドのファウンデーションを中国で展開できないだろうかと考えたのだった。青島で商品を生産し、中国国内で売る。完全自社ブランドというわけではないが、それなら生産から販売までカドリールが一貫して関わることができる。自社ブランドを育てていく段取りの、とっかかりのステップとして、カルダンとのライセンスビジネスはちょうどよい。

「じゃあ、あなたがやればいいわ。私がカルダンさんに話してあげるわよ」

高田美がカルダンに話をすると、即座にライセンス契約のＯＫが出た。

この頃、西田は服部と年に一度は必ずパリに通っていた。行くたびにカルダンと会い、彼が所有する高級レストラン、マキシムに招待されて食事を共にする。初めてのライセンスビジネスが日本でスタートしたこともあって、カルダンは日本贔屓(びいき)で温かかったし、プライベートな南仏の別荘にも服部と招かれたことでわかるように、ふたりはカルダンから信頼に加えて友情も得ていた。実際、カルダンの懐に真情を持って飛び込んでいった西田たちは、この時すでに、カルダンと一番親しい日本人といってもよかったのである。

カルダンはアウターのデザイナーであって、ファウンデーションやランジェリーは専門外である。そこで堀江昭二がカルダンのアウターのイメージを膨らませて下着をデザインした。堀江のセンスと技術力に一目置いていたカルダンは、「お前の作ったモノは即、カルダンネームをつけてもいい」といたって鷹揚だった。

服部の果たした役割も大きかったろう。カルダンに惚れて以来、服部はカルダンの一大信奉者であった。スーツや靴はもちろんのこと、愛用する家具までカルダン製。ほかのデザイナーには目もくれない。カルダンの年代別にした資料も書籍も半端ではない。彼のこの愛がカルダンに伝わらないはずがないのであった。「日本の坊やたち」の人柄を愛し、贔屓にしてくれる高田美の存在も大きかった。

初めての店舗経営

中国の国土はとにかく広い。北はハルビンから南は昆明まで。気温差は四十度あり、あらゆるものが北と南では違っている。北の人々は身体が大きいが、南は小さい。言葉もずいぶん違うので、テレビには標準語の字幕が出る。

「国土が広いとはすごいことだねぇ」

西田は驚くばかりであった。

さて、中国国内販売のスタートは北京にするか上海か。上海で伊勢丹が開店することになっって建設が始まっていたので、商品を扱ってもらえないかと話をもちかけると、二つ返事で決まった。

ならば上海から販売をスタートしよう。小柄な南の人に合わせてスモールサイズを備蓄し、準備を進めていたところ、伊勢丹のオープンが半年先に延びてしまった。

さあ、えらいことになった。北京からスタートするしかない。大急ぎで北の人向けの大きいサイズを追加し、上海の百貨店のスタッフとして雇っていた上海人を北京の担当にしようとしたら、待ったがかかった。

「上海人が出入りするのなら、ウチは取引をやめる」と北京側が言うのである。北京人は上海人を馬鹿にしているし、上海人は北京人を国際化の遅れた頭の固い連中だと思っているのだ。中国の南北問題は馬鹿にならない。

結局、北京では既存の店舗で扱ってもらえることになり、三店舗でカルダンブランドのファウンデーション販売がスタートした。

ＯＥＭメーカーとしてやってきたカドリールにとって、店舗で自社製品を売るのはこれが初めてである。店舗設営などやったこともなく、任された高橋は当初、「いったいどうするんや」と途方に暮れたが、店舗の設計や使用する家具、什器(じゅうき)の開発から電気配線まで、服部がすべて引き受けてくれたので助かった。

高橋は言う。

〈服部さんが何から何まで全部絡んでくれて、やってくれた。ボクはおかげですごい勉強さしてもろた。服部さんの力がなかったらできなかったと思います。〉

中国のブラジャーの価格帯は三十元、四十元、五十元クラスが普通だが、カルダンのものは一番安いもので二百五十元（一元＝十三円 一九九六年当時）。価格革命であった。あまりに高価なのでごく限られた金持ちにしか買ってもらえないが、いい商品だとわかると顧客が付き始めた。

後に、ラ・ペルラやワコールが後に続いてゆくのだが、中国における高級下着の突破口を最初に開いたのはカドリールである。

しかし、手探り状態で始めた店舗経営の難しさに、カドリールはすぐに苦しむことになった。店というのは顧客数と客単価で収益が決まる。生産ロットをまとめるためには多店舗展開をしなければならないが、多店舗展開では、黒字店舗もあるがどうしても赤字店舗が出てしまう。北京や上海などの大都会はいいのだが、地方が苦しい。客層が落ちるのである。客層が落ちると客単価が下がり、赤字店舗が増えるという悪循環だ。

そもそも中国は広すぎるほどに広い。だから店舗運営に大変な手間暇がかかった。一九九〇年代半ばのことで、パソコンも普及していない。高橋は広大な中国を苦労しながら飛び回った。

〈いちいち内陸に入って行って、そこのスタッフと話をしないとどうにもならないわけです。当時の中国は、沿海部の豊かな人と内陸部の人と経済格差がすごかった。交流を絶っておかないと暴動が起きますから、奥地に至る道をあえて造らないんですよ。道が無いから沿海の人が奥地へ移動できない。飛行場だけは小さいのが各地にある。なんでかというと、お金持ちしか飛行機には乗れないから。だから危険を承知で、野越え山越え行きました。通訳とガードマンひとり連れて。〉

北のハルビンと南の昆明では、店に求められる品物が全然違うということもわかった。マイナス二十度の冬のハルビンではファウンデーションなど出なくなる。寒いので着膨れるからだ。そうなると、ファウンデーション以外の品揃えをしないと売上がキープできなくなってしまう。一方、南の昆明では水着なども売りたいが、カルダンはファウンデーション以外のもののライセンス契約は他のところと結んでいるのだ。

「ブランドって難しいなあ」

西田はつくづく思った。

とにかく中国は国が大きすぎる。フルシーズン売れる商材を用意しないと中国ではうまくいかないと身に沁みた。結局、三分の一しか黒字店が出ず、三分の二が赤字店舗。トータルでは赤字になってしまった。SPAは甘くなかった。


一九九八年十一月、西田はピエール・カルダンを青島に招聘（しょうへい）した。

招いたのは西田なのだが、なにしろ世界一のデザイナーの訪中である。喜んだ青島政府が、この招聘は当政府がしたことにしてくれないかと言ってきた。

当日は、青島空港に到着した航空機にリムジンが横付け。税関はフリーパス。パトカーがリムジンを先導し、赤信号は完全無視してノンストップで瞬く間にホテルに着いた。ただただ驚愕の西田を尻目に、国賓扱いの好待遇がうれしかったのか、カルダンはにっこりであった。

青島工場ではポールにフランス国旗を掲げ、横断幕をはためかせてこのファッション界の巨人を歓迎した。七百台のミシンが動く作業場の壮観に、カルダンはひとしお感嘆してくれた。

市政府関係者を交えての歓迎会も乾杯（カンペー）、乾杯、と歌で大騒ぎ。費用は全部カドリール持ち。ご機嫌の青島市長と西田は前にも増して親密になったのであった。

2007年、ピエール・カルダン氏のパリの事務所で(左が西田)

部下の高橋、親友の服部、高田美と、カルダン氏の南仏の別荘へ

世界一ゴージャスな下着　ラ・ペルラに惚れこむ

西田がラ・ペルラの女性下着に羨望を募らせ始めたのはいつの頃からだったろうか。

服部と一緒に何度もパリに通ううち、ある時を境に、それまで旺盛を極めていたクリスチャン・ディオールの下着がショーウィンドウから姿を消し、ラ・ペルラの下着が取って代わったことに気付いていた。シャンゼリゼ大通りの街頭や婦人下着店の店頭で見かけるのはラ・ペルラばかりなのである。ヴォーグやロフィシャルなどのファッション誌にもラ・ペルラは毎月新作広告を出し、世界中にファンを広げていた時期だった。

ラ・ペルラは一九五四（昭和二十九）年、元会長アルベルト・マゾッティの母親アダがイタリアのボローニャに開いた小さなコルセット工房から始まる。

ボローニャはシルクの生産をはじめとした繊維工業の街としての歴史を持つ。アダは十四歳で近くのコルセット工房の見習いとして修業を始め、腕の立つ職人として、「金のはさみ」を持っているとその才能をうたわれた。十七歳にして、すでに名指しでオーダーを受けるほどであったという。

やがて本格的にランジェリーメーカー「ラ・ペルラ」を創業。アダのそれまでの下着にはない感性と妥協のないモノ作りは評判となり、すぐにイタリア国内で人気を呼ぶ。そうなるとフランスも放っておかない。うちもうちもとフランスでも売り出すや大人気となり、パリの広告塔を一気にラ・ペルラが独占するほど、わずかな間に急激に大きくなったのである。

ボローニャ大学の心臓外科医だったアダの息子アルベルトは、医師から転身して母の哲学を引き継ぎ、次々に革新を取り入れてラ・ペルラを唯一無二のトップブランドに築き上げた。ここで作られる下着はレース、布地、デザイン、縫製など全てにこだわり抜いた豪奢なもので、イタリアの職人芸が随所に光る。ランジェリーから美しく装いたいと願う女性が憧れてやまない世界最高峰のブランドだ。

「なんとエレガントな下着であることか！」

はじめて見た時から西田はラ・ペルラに惹きつけられた。

その頃、ラ・ペルラのインポート販売を日本で唯一手がけていたのが、カドリールの大口取引先のナイガイ（当時は内外編物）である。

「イタリアにすごい下着がある」と西田にラ・ペルラを教えてくれたのもナイガイの大久保部長だった。

しかし、ラ・ペルラの下着は超のつく高級品。あまりに高価すぎて、日本ではなかなか一般の人が手を出せない。インポートだけではどうしても難しい。そこでナイガイが考えたのは、ラ・ペルラの「リプロダクション」であった。

ラ・ペルラの商品を日本で縫う。材料の生地もレースも、縫い糸に至るまでイタリアから直輸入し、イタリアの技術者を呼んで縫製指導を受けながら、日本の工場で縫う。これならインポートの半額ほどで販売できるだろうという目論見であった。

先方との契約も成立し、ナイガイの大久保部長が西田の元にやって来た。

「ラ・ペルラのリプロをすることに決まったから、西田さん、やってよ」

突然、そんな話を持ち込まれて、西田は言下に「とんでもない」と断った。

ラ・ペルラの商品はミシンでジャンジャン縫って出来上がるような代物ではない。部分的に手縫いを施して立体的に作ってあるのだ。簡単にリプロなどできるものではない。

「こんな製品、とてもじゃないけどうちではできません」

「いや、できないじゃ困ります」

もう契約書にも調印したのだから、なんとしてでもやってほしい。イタリアにできて日本にできないのはおかしいでしょうと大久保部長は言う。ナイガイの製品はカドリールが一〇〇パーセント製造しているのだから、リプロもカドリールでやってもらう、それが当然という認識なのだ。

西田は困惑したが、ふと、もしかしたらこれはチャンスではないかと思った。

「では、ボクを現地に連れて行ってください。現地で、この商品ならウチの技術でできる、これは新しい機械を入れてノウハウを指導してもらわないとできないなどボクがジャッジします」

観光では行ったことのあったイタリアだが、ビジネスで行くのは初めてだった。

ボローニャはイタリア北部にある古くからの都市で、世界最古のボローニャ大学があることでも知られる。至るところに中世の雰囲気が残る魅力的な街だ。西田はひと目見てボローニャに惹きつけられた。ラ・ペルラの商品と街がしっくり融けあい、共存しているように思えた。

西田はナイガイの久野専務と大久保部長に紹介されてアルベルト・マゾッティ社長と対面する。気難しいことで有名なマゾッティは、おそらくこの時、初対面の西田をナイガイのおまけ程度にしか認識していなかったのではないか。握手さえしてくれなかった。

西田は、帰国後、リプロに取りかかった。

ラ・ペルラからは「いっさい他の協力工場を使ってはあいならん」という条件が出されていた。すべてをカドリール本社でやる。

富小路の本社が小さくなったので、一九八九（平成元）年にデザイン研究所を新町通三条町に新設していた。その新町のビルの二階のワンフロアを工場にして、ミシンを三十台ほど入れた。イタリアから技術者が三人来日し、滞在しながらもの作りをする。その費用はこちら持ち。イタリアの仕様書が来るが全然読めないので、翻訳できる人を雇った。何ひとつ日本のものはないという中で、要求されるのは徹底的にイタリアと同じやり方。非常に苦労したが、おかげで基本技術はしっかり入った。

しかし、思うように売れない。ラ・ペルラの製品は基本がヨーロッパ全土に向けての展開なので、サイズも含めて日本の女性にはしっくりこないのだ。こちらの要望はいっさい通らず、一歩も譲らぬイタリア気質のこだわりが邪魔をするのであった。

それでもイタリア製の半額で売れるのならまだメリットがあったろうが、原価計算をしてみると、残念なことにリプロ製品は八五パーセントの値段設定にしかできなかった。ナイガイ側も採算にのらないし、カドリールの方も作ったら作っただけ赤字になる。結局、リプロダクションからは二年足らずで撤退することになった。

銀座でラ・ペルラを

西田はボローニャの街の何もかもが気に入っていた。

「絶対にここに戻って来たい」

イタリアで生まれた世界のトップブランド、ラ・ペルラの素晴らしさにも強く惹きつけられていた。

この先、日本でブラジャーを作っていくうえで自分が目標とするブランドはここだ。だから、なんとしても彼らと繋がりを持ちたい。最強のメーカーの商品を研究したい。ナイガイを通じて接点ができた今なら、それができるのではないかと思った。

ナイガイは下着のインポートをやっているが、ナイガイが関わっていない水着ならばどうだろう。ミラノからコモ湖に回った時、湖畔のリゾートホテル、ヴィラ・デステのプールサイドで寛いでいた女性は皆、ラ・ペルラの水着やリゾートウェアを着ていた。水着でもいいから取引させてもらえないものだろうか。

西田は日本からマゾッティに手紙を書いた。

《先日、ナイガイさんと一緒にお会いした西田だが、我が社に水着のインポートをやらせてもらえないだろうか？》

けんもほろろの返事が返って来た。

《あなたのところの資力では、とてもウチとは付き合えないだろう。役者が違いすぎる》

西田は落胆したが、これで諦めるつもりは毛頭なかった。営業は断られたところから始まる。そんなことは身に沁みて知っている。

確かにラ・ペルラと付き合うには金がかかる。カドリールはナイガイのような二千億企業ではないのだから、大きな負担を抱えることになるだろう。しかしそれをわかったうえで、西田はラ・ペルラとつながったパイプを固めたかった。

西田はナイガイと一緒にボローニャに行くたびに、マゾッティに自分を売り込んでくれるよう通訳の日本女性に頼んだ。イタリア貴族と結婚してギギ・サナザーリというイタリア名になっている彼女に、次のようなセリフをせっせとマゾッティに吹き込んでもらったという。

「ボクは絶対にあなたを裏切らない。サムライは約束を破ったら腹を切るものだ。ボクはサムライ精神を持っている。だからどうか信頼してほしい」

気難しいマゾッティから最初は冷たいあしらいを受けていた西田だったが、ナイガイと共に何度も通っているうちに、西田のもの作りにこだわる本質の部分がマゾッティにも見えてきたのであったか。西田という日本人の中に、自分と通じあうものを感じたのかもしれない。

ある時、マゾッティがブラジャーの新作を西田たちに「どうだ」と言って見せた。両手でそれをそっと捧げ持った西田は上からそれをじっくりと眺め、言った。

「素晴らしい！　これはもうブラジャーじゃない。芸術だ！」

その言葉はマゾッティをひどく喜ばせた。

「東洋人でそんなことを言った人間はあなたが初めてだ！」

マゾッティはすっかり西田が気に入り、以来、西田がボローニャを訪ねると、ナイガイの役員たちをさしおいて真っ先に西田をハグしに来るようになった。ついでにむさ苦しい髭面をこすりつけてキスまでしてくれる。それを見たナイガイの熱海(あつみ)社長は面白くなく、西田に焼きもちを焼くほどだった。


ラ・ペルラとの水着の取引がついに実現することとなった。

しかし、先方も商売に関してはしたたかである。水着の独占販売権を与える代わりに、宣伝広告費を通常の倍の八千万円出すよう求めてきた。

水着は当時、年一回、夏場だけの商品であった。年間の購入量を先方に決められ、その夏売れなくても返品はなし。セールもダメと厳しい条件が突きつけられた。年間売上額を考えれば、八千万の広告宣伝費はあまりに高い。

しかし、サムライ西田はそれを呑んだ。向こうみずな挑戦と言わば言え、世界のトップブランドを引き込む勝負に賭けたのである。宣伝は読売広告社が請け負った。

ラ・ペルラの店舗は銀座に出すように指示された。世界の一流ブランドなのだから、当然店舗も日本の一等地にというわけだ。銀座の他にも六本木と京都、神戸に店舗を作った。店では水着やリゾートウェアの他に、グリジオ・ペルラという紳士ものも扱った。西田は幸せであった。

ところが、現場が大変。店舗はすべて赤字である。ラ・ペルラの下着は最高級であっても、バッグ一個で五十万百万を売り上げるエルメスやルイ・ヴィトンなどに比べたら客単価が圧倒的に低いのだ。それでいながら銀座や六本木の家賃は高い。やればやるほど赤字が累積した。

西田は腹が据わっていた。

「たとえ損をしてもやる」

しかし、周囲は気が気でない。西田のラ・ペルラへの思いを知っている幹部たちは危機感を募らせながらも「もうやめましょう」と言い出せずにいたのである。

この頃、藤川と共に財務を担当していたのは西田の長男の寿夫(としお)(現・カドリールニシダ社長)だった。西田の性格をよく知っている寿夫は、怒られるだろうと覚悟しながら、とうとう西田の前に逼迫(ひっぱく)した資金繰りと財務諸表を出して見せた。もう限界であった。

以下は、この時の寿夫の述懐である。

〈「このまま続けたらこうなります」と言って見せたら、「嘘や！」て言いはりましたからね。「こんなお前のやったような頼りないもん信じられるか。そやろ？　藤川さん」て。そしたら藤川さんが「いえ、その通りです」と。その時ホントに悲しそうな顔しました。社長の思いを知ってるから、みんなやめようと言えないんですよ。絶対怒られるなと思って（財務諸表を）作っていったんだけど、藤川さんと藤本さんにも聞いて「間違いないです」と言われてホンマに悲しそうでしたね。「オレ、これやりたかったんやけどなあ」と。悪いことしたなあと思いました。〉

マゾッティの要求を受け入れ続けて莫大な金を使ったが、ラ・ペルラの店舗には終止符を打たざるを得なかった。

ラ・ペルラとの取引は最初から西田にとって大きな賭けであった。しかしこの取引を経たことで、西田はマゾッティをして「ラストサムライ」と言わしめる完璧な信頼を得た。マゾッティは西田を気心の知れた「ファミリー」として扱ってくれるようになったのである。

〈ボクはこの会社をヨーロッパに行っても恥ずかしくないような会社にしたかった。

カルダンやラ・ペルラ社と親しくなるということはそういうことなんです。なんとしても世界のトップクラスに伍していけるような商品力を身に付けたかった。〉

だから西田は毎年カルダンに会いに行ったし、損を承知でラ・ペルラとのビジネスに大金を張ったのだ。

ラ・ペルラとの取引を終わりにした時のことだ。来日していたマゾッティが帰国する際、藤本三治が提案して青島の生産工場を見てもらった。ちょうどカルダンブランドの製品を作っている時だった。

マゾッティはおそらく中国の工場なんかたいしたことはないだろうと考えていたと思われる。それが、中に入るなりピタリと足が止まった。それから、長い時間をかけ、ラインのすべてを丹念にチェックしていった。そして最後に、「これは素晴らしい。よく管理された工場だ」と最大級の賛辞を贈ってくれたのである。

結果として日本におけるラ・ペルラの販売は終止符を打ったが、それで終わりにはならなかった。青島工場の縫製技術や管理体制に感心したマゾッティが、カドリールにOEMビジネスをもちかけてきたのだ。誇り高いヨーロッパの最高級ブランドが、アジアの、それも中国のカドリールの工場で自社の製品を生産することを認めている。これは胸を張ってよい話であろう。

キッドブルーはじめM&Aでの事業拡大

企業を合併したり買収したりすることをM&A（Mergers and Acquisitions）という。二〇〇〇年以降、カドリールは経営不振になった企業を救済するため、相次いでM&Aを行った。M&Aの目的はさまざまだが、競争力の強化や新規事業への参入など、生存競争と事業拡大のために行われることが多い。しかし、カドリールの場合はどれも、それまでOEMで取引のあった企業から救済を懇願されてというケースである。それはキッドブルーに始まり、カネボウセモアブライダル、カネボウセモア、同じくカネボウのクロエと続いた。

経営の悪化した企業の買収というのは、買って儲かるという話ではなく、買ったら損をする話である。買った後に資金を投入し、何年かかけて体制を整えないと健全な事業にならないのだから、社内には反対も多かった。

西田にそれらの買収を決断させたのは、経営者として新しい商売を構築し会社に膨らみを持たせる狙いもあったかもしれないが、どちらかというと、困り果てて頼ってくるものをできることなら助けてやりたいという男気の方が大きかった。

天然素材と穏やかな優しい色使いのランジェリーやナイティが人気のブランド「キッドブルー」をカドリールが傘下に収めたのは二〇〇二（平成十四）年である。

キッドブルーは一九七九（昭和五十四）年に部屋着を中心としたトータルブランドアパレルとしてスタートした会社だ。服部良夫はこのブランドを初期の頃からよく知っている。南仏風の明るく爽やかな雰囲気で、部屋着やナイティを中心に下着や水着、ルームシューズ、ポーチなどの雑貨類をトータルで提案していた。これは日本にはまだない下着の領域だと興味深く見ていた。

「面白いブランドがあるよ」

西田が上京してきた折、服部は西田をキッドブルーの直営店に連れて行った。小さな店で、楽しそうな小物やナイティがたくさん並んでいる。そこに可愛らしいブラジャーやショーツなどがおまけのようにちょこちょこと置いてある。西田はこの下着屋っぽくない店の雰囲気と、メジャーなブランドのものとは全く違うタイプの下着に、こんなやり方もあるのかと驚いた。

「服部くん、これは面白いねぇ」

それから二〜三年がたち、キッドブルーからOEM取引をしたいという話が持ち込まれた。あそこなら面白い。西田はすぐに「やろう」と言ったが、幹部は大反対である。

「こんな商品、手間ばかりかかってなんぼも売れへん。効率が悪すぎる。もっと大きなところと取引した方がいいですよ」

「そんなこと、社長の私が知らんはずがない。それをわかって、これをやろうと言ってるんだ」

西田は押し切った。

「つぶれたら知りまへんで」

と言われたが、西田は皆の前で見得を切った。

「つぶれたらウチの会社が買えばいいだろ」

まさかそれが数年後に、現実になるとは思ってもみなかった。

キッドブルーは小さいが、「ここが大好き」という固定客がついたブランドだ。カドリールがOEM生産をするようになってブラジャーがものすごく売れるようになったと喜ばれていたのであるが、放漫経営から財政が悪化してしまう。

さて潰れるという事態になって、経営者から「カドリールさんに引き継いでいただけないか」という話が持ち込まれたのであった。

あの時「つぶれたら買えばいい」と言った西田であるが、引き継いでほしいと言われてさすがに驚いた。

「どこかに相談はしたの？　銀行さんに融資はしてもらえないの？　商社はどうなの？」

「取引はしていますが、商社なんかに相談に行きたくありません」

「いったいそれはどうして？」

「そんなところに相談しても、キッドブルーの名前が残りません」

キッドブルーというブランドを確実に残そうと思ったら、カドリールのような良い製品を作る会社にお願いするのが一番いいと思ったというのである。引き受けないわけにはいかない。

キッドブルーの商品はワコールやトリンプといったメジャーなブランドとは違うテイストでやっている。だから真正面からぶつかることにはならないとも思った。

キッドブルーを傘下に収めるにあたって、西田は次のようなことをカドリールの社員に命じている。

「進駐軍気分で乗り込んでいくようなことをしては絶対にいけない。仲間意識を大事にして、立て直しに協力してこい」

買収はしたが、「ウチがお金を出すんだからウチの方針で」ということはしない。あくまでもキッドブルーの流れを踏襲していこうというのが西田の考えだった。

カドリールが資本投資したちょうどこの年、直前にキッドブルーに入社したのが平野洋子(ひらのようこ)

（現・商品部部長兼デザイングループ　グループリーダー）である。

〈入社した頃のキッドブルーの社員は二十人くらい。カドリールが縫製のメインになっていました。ナイトウェアや部屋着からスタートした会社なので、ブラジャーは少なくてキャミソール、ショーツという展開だったんですが、（カドリールの傘下に入ってからは）徐々にファウンデーション中心になってきました。販売も直営店中心だったんですけど、百貨店のインショップという形に変わってきましたね。〉

キッドブルーのテイストはもともと百貨店でも評価が高かった。いい素材を使っているし、インナーっぽすぎない。問題は会社に百貨店で十分な売場面積をとるだけの商品供給力と信用がなかったことだった。キッドブルーの世界の楽しさは売場面積が大きい方が表現しやすいからだ。

カドリールではテコ入れとして代官山にあった「アルカディア」というキッドブルーの旗艦店をリニューアル。商品を充実させ、百貨店のバイヤーに見てもらった。

「こういう感じでやります」

最初の三年間は赤字が続き、黒字に転換するまでが苦しかったが、実績を作ることで対外的にアピール。それが浸透するにつれて、売り上げは確実に上がっていった。

キッドブルー事業の現在の年商は二十五億円。全国に五十店舗。中国にも内販ショップを二十二店舗持っている。台湾にも二店舗ある。中国で買うより日本で購入する方が安いので、こちらに来てまとめ買いする中国人が多いという。

カネボウセモア

キャナリーでのシャルレの躍進ぶりが華々しかったので、それに追随したいと考える人間が出てもおかしくない。

西田のところにカネボウの伊藤淳二（いとうじゅんじ）社長（後に会長職を経て引退）が「ぜひ話がしたい」と訪ねて来た。伊藤は四十五歳でカネボウの社長に就任した実力者である。二〇〇七年にカネボウが解体するまで会長として君臨し、実業界でその名を知らない人はなかった。

その伊藤に東山の有名料亭「高台寺土井」に呼ばれて、西田と堀江は伊藤と相対した。伊藤は日経新聞に掲載された堀江昭二の「ブラジャーの設計理論」に関する記事を読んで興味を持ったと言った。カネボウでも、堀江の研究しているブラジャーを扱えないだろうか、それでシャルレのような訪問販売をやりたいというのである。

カネボウには傘下にカネボウシルクエレガンスという下着の会社があり、クリスチャン・ディオールと技術提携した高級下着なども販売していたので、西田はやんわりと断った。

「お宅にはディオールがあるじゃありませんか。そこで訪問販売の会社を作っておやりになったらどうですか？」

「いや、西田さんのところとやりたい。ディオールはディオールでやっていく。お宅はシャルレさんで成功してるんだから、うちとも同じようにやってくださいよ」

「いや、逆にうちの方こそ、シャルレさんがあるんだからできません」

すると、伊藤社長はこう言った。

「マーケットを一社で独占するというのはいいことではなく、むしろわれわれが乗り出すことによって訪問販売が正しく認知されるんじゃないだろうか」

代理店の下に特約店があり、その下にメイト（会員）、一般のお客さまというシャルレのスタイルはアメリカのアムウェイ社で有名になった販売方法だが、一時期、「ネズミ講」という悪いイメージが出来上がっていた。閉ざされた空間で品物を客に押しつけるような悪質な業者も出てきたりして、正しくやっている所まで取り締まられるような状況があった。カネボウというブランドが参画することで、そうした悪いイメージの払拭にもつながるのではないかと伊藤は言うのであった。

お付きの人間を何人も引き連れて歩くようなカネボウの社長が、知らない会社に自分から直に連絡して話を聞くなど前代未聞、カネボウ始まって以来のことだったと、西田は後で聞いた。カネボウの重鎮からどうしてもと懇願されては断り切れない。OEMメーカーとしては、こはやるけどそちらはやらないというわけにはいかなかったのである。シャルレと同じ販売スタイルの「カネボウセモア」の船出であった。シャルレからは抵抗があり、林社長は西田に対する不信感を隠さなかった。

いくらシャルレのキャナリーが売れたからといって、当然のことながら同じようなものは出せない。キャナリーは会心の作品であった。

「あれに負けないように作ってください」と伊藤に言われて、開発にあたる堀江は苦しんだ。型紙を替えて素材も一から替えないといけないのだから、あれよりもいいものをと言われてもそう簡単にはいかないのだ。

この時堀江が作ったカネボウセモアブランドの「シルボア」シリーズは、完成まで二年かかっている。

シルボアのブラジャーも、シャルレのキャナリーと同じくフルカップでノンワイヤー。フルカップのブラジャーはハーフカップや3/4カップのブラジャーと比べるとどうしても下着然として野暮ったく感じられる。しかしバストを支えて綺麗な形に整えるにはフルカップのノンワイヤーこそがベストだというのが西田と堀江の持論だ。シルボアシリーズはスタートしてもう三十年になるロングセラーだが、現在もセモアの一番の人気商品である。

一九八五（昭和六十）年にカネボウ化粧品本部セモア事業部としてスタートした「カネボウセモア」は、現在、カドリールのグループ会社「セモア」と名を変えた。カネボウの業績不振を受けて、二〇〇八（平成二十）年、最終的にカドリールが買い取ったのである。

「カドリールさん、カネボウセモアはあんたとこがずっと作り続けてきた商品を売ってきた組織やから、何とかお願いします」

そう頼まれて、西田は「それもそうだな」と思ったのだった。

なんといってもカネボウセモアはカドリールが一〇〇パーセント商品を供給し、スタートから共に歩んできた会社である。それまでずっと頑張ってくれた代理店や特約店が全国にたくさんいる。商品を熟知した彼女たちは、胸を張って言ってくれている。

「わたしたちの商品は世界一だ」

セモアブライダル

ブライダルインナーの専門ブランド「セモアブライダル」は、カネボウセモアの別動部隊としてスタートした、この世界のパイオニアである。

通常のブライダル下着は百貨店などで売られているが、セモアブライダルの下着は全国のホテルや結婚式場の衣装室、貸衣装店と契約して販売している。昔は一生に一度のことだからと買い求める人が多かったウエディングドレスも、今は貸衣装で済ませる花嫁が増え、そこに着目したのがカネボウの企画部長でカネボウセモア初代社長の岡本康嗣(おかもとやすつぐ)であった。

結婚式という晴れやかな舞台で美しく装うために、補整力のあるインナーは必需品である。着けると着けないではシルエットに大きな差が出る。プリンセス、マーメイド、エンパイア、スレンダーなどのドレスラインに合わせたブラジャーやウエストニッパー、ドロワーズ、フレアパンツ、ショーツまで、特別な日に着るエレガントな純白の下着は、花嫁の喜びをいっそう盛り上げてくれるだろう。

昨今は結婚する花嫁の四人に一人が妊娠中だという統計がある。そういう花嫁のためには、カドリールがマタニティのスペシャリスト犬印本舗と共同開発したマタニティインナーも抜かりなく用意されている。

現在、セモアブライダルはブライダルインナーの世界では断トツのトップブランドである。国内に唯一残ったカドリールの下請け工場は長崎の壱岐にあるが、セモアブライダルの製品はこの玄界灘に浮かぶ自給自足ののどかな島で生産されている。

自社ブランド　ランジェリーク誕生

二〇〇六（平成十八）年にカドリールに入社した有馬智子（ありまともこ）（現・ランジェリーク事業開発室クリエイティブディレクター）は、それまで日本の下着にあまり魅力を感じていなかった。ごく若い頃からインポートものが好きだったのだ。インポートばかり使っていたので、日本に下着というジャンルの仕事があるということも気がついていなかった。

そんな中で、愛用していたフランスのブランド、クロエの下着がふとアンテナに引っかかった。有馬はアウターの企画パターンの仕事をしていたのだが、人生で別な方向性を模索し始めた時に、下着の仕事ってなんだか面白そうだなと思ったのだ。

「これって、どこで作っているんだろう？」

タグを見ると「カドリールニシダ」の電話番号が書いてあった。製品に問題があった時のための連絡先である。

クロエはフランスのアウターやバッグのブランドである。本国では下着は作っていない。そんなクロエにカネボウがライセンス契約をもちかけ、クロエブランドの下に、独自に日本人向けのサイズ展開で下着を作っていたのだ。

もともとカネボウはクリスチャン・ディオールとライセンス契約を結んでアウターや下着を手広く扱っていた。しかしディオールが日本から手を引いてしまったもので、その穴を埋めるためにクロエと契約を結んだのであった。ところがその後カネボウが傾いたために、この契約を途中から引き継いだのがカドリールだったというわけだ。

有馬はカドリールに問い合わせの電話をかけた。

「求人してないですか?」

カドリールも常時、求人をしているわけではない。たまたまこの時は縁があったとしか言えない。有馬はカドリールに入社することになり、クロエの企画を任された。

ところが、二〇一〇年、ライセンス契約が切れたのを機会に、クロエは日本から手を引くことになる。

クロエは洗練された大人の女性のための上品なデザインが特徴の、シルクや繊細なレースなど高品質な素材を用いたヨーロッパテイストの下着である。クロエを扱っている百貨店は多かったし、そこでのクロエの評価は高かった。撤退ということになると店舗は閉めねばならず、販売員には辞めてもらわなくてはならない。

そうした時、百貨店のバイヤーからカドリールに宛てて何通かの手紙が届けられた。営業マンから預かったそれを高橋が読んでみると、中身はカドリールへのラブコールだった。

〈やめんといてくれ、ゆうんです。デパートさんのバイヤーからしてみると、売場はメジャーブランドが席巻してて同一化現象で代わり映えしない。事業は小さいけど、カドリールさんがやってるクロエはそれなりの輝きをもっている。だから頑張ってほしい。クロエが駄目なら駄目でいいから、カドリールのブランドとして何か差し込んで継続してほしいと切々と書いてあるんです。〉

高橋は西田に手紙を見せた。見せられた西田は考え込む。

そして、クロエの店舗を閉めた場合、いったい何人の販売員が路頭に迷うことになるのかと高橋に尋ねた。

「五百人くらいやと思います」

「五百人なあ……大変やなあ。みんな生活あるやろなあ」

「そらありますて。でもブランド返したら店舗がなくなるわけですから、抱えられません。無理です」

「そうか……やっぱりこれは高橋、考えんといかんなあ」

「考えるて、どないしますねん」

「ブランド変えてやったらええやないか。その手紙に書いてある通りや。できるか？」

「そら、今やったらまだ間に合いますわ。まだ契約は続いてますから。セールやらなあかんし、処分するのに二〜三カ月はかかりますやろ。その間は店舗は張ってますからね。新しいブランドに乗せ替えて続けたいてゆうたら、百貨店は間違いなくウェルカムでしょう。でも、やるとしたら早い結論やないと駄目や思いますよ」

「ほんなら高橋、すぐＦＳ（Feasibility Study）作らせ！」


不採算店は切って力のある店舗だけ残すことにして、急遽ＦＳが作られた。ブランド名は「L' ANGÉLIQUE（ランジェリーク）」とした。

カドリールのグループ会社だったキッドブルーを「カドリールインターナショナル」と社名変更し、その社長に就任したのが、西田の娘婿・井上誠治である。ランジェリークは、井上の下でスタートした。

ランジェリークの新生にあたり、井上は扱う店舗を大手百貨店に絞った。

〈当時の新宿伊勢丹のバイヤーがカドリールを評価してくれて、非常に力を入れてくれた。協力しましょうと、うちのために骨を折ってくれたんです。よくこんなこと認めてくれるなと思いました。新宿伊勢丹は日本の百貨店のトップ。一番だから逆に力があるわけです。普通、バイヤーは力で押さえつけるけど、いいものを育て上げようという部分もあるんですね。〉

どこのライセンスでもない、カドリールにとって正真正銘、初めての自社オリジナルブランドの誕生であった。

ランジェリークのテイストはクロエのイメージを引き継ぎ、ヨーロッパのインポートに近いものとした。

「クロエ見なくなったけど、どこで買えるの?」というような問合せは今もある。

そういう時は、「近いテイストのものでしたら、どこそこのお店に置いてあります」と案内している。

案内はしているが、クロエという看板はなるべく取り払うように努めていると、今はランジェリークで仕事をする有馬は言う。
キッドブルーもランジェリークも生産は中国の青島工場である。これについては、キッドブルーの平野もランジェリークの有馬も口を揃えて断言する。

〈カドリールの縫製力は明らかに他とは違う。それは間違いありません。それが中国だというのがまたすごい。あのレベルで大量に作るというのは、他の日本の工場さんでもなかなか難しいんじゃないかなと思います。それはラ・ペルラ社の監修の下に製品を作られた歴史の中で生まれたものだという気がします。アタッチメントなんかも、ラ・ペルラからこれを使いなさいと言われることもあり得る。そこをクリアし続けてるというのはすごいことです。〉

世界一の下着ブランドに憧れて西田がラ・ペルラを選び、巨費を注ぎ込んででも学ぼうとしたのは間違っていなかったということだ。
現在、青島工場で任されているのはラ・ペルラのセカンドライン「ラ・ペルラ　シルバー」である。トップラインの「ラ・ペルラ　ゴールド」は職人のハンドクラフト的要素が強いのでイタリアの本社工場で作られているが、セカンドラインにも高い技術力が求められる。

今井きよみ（現・商品統括部顧問）は、ラ・ペルラの製品担当である。イタリアから依頼のデザインが送られてくると、今井らが手分けしてパターンの製図をする。イタリアから送られてくるデザインをどうやって形にしていくのかが、毎回今井の楽しみである。出来上がったパターンはデータ化して青島に送る。すると、青島ではすぐにデータをもとに型紙に切り出して裁断、縫製してサンプルに仕上げたものを送ってくる。青島の仕事は早く、今井はいつも感心している。

堀江の商品開発

今井きよみは、堀江昭二の下で一番長く仕事をしたデザイナーだ。入社は一九七九（昭和五十四）年の十二月。その頃のカドリールはシャルレのキャナリーでぐっと伸びる前、トリンプのスリップでようやく業績が安定してきた頃であった。

今井はそれまで下着関係の小さな会社でショーツやブラジャーを作っていたが、そこで仕事をやっているうち、次第に不安を感じるようになっていた。

「こんなパターンで作っていて、大丈夫なのかな……？」

特にブラジャーのパターンに不安があった。パターンのしっかりした会社に入りたいと思うようになり、取引のあった三幸産業の吉川専務に相談したところ、吉川がこう勧めたのである。

「それやったらカドリールしかない。僕が連れて行ってあげる」

西田と堀江が面接し、吉川の「入れとくほうがええでえ」のひと言で、入社はその場で決まった。入社当時のデザイン室には、堀江と永田勝子の他に男性が一人と、年明けに寿退社が決まっていた女性とパートの女性が二人いた。寿退社の女性がいたためだろうか、今井は入社決定の翌日からいきなり出勤するように求められて驚いた。

最初の仕事は、サンプル資材の整理や工場出荷用の型紙作成。当時はまだCAD（コンピューター設計支援システム）がなく、型紙は製図から目打ちでラインを写し、縫い代を付けてはさみでカットしなければならない。完全手作業である。続けているうちに指にタコができ、腱鞘炎になった。

とにかくパターン作りを学びたい。職人気質で何も教えてくれない堀江から技術を盗もうと、今井は必死だった。

今井の席は窓際で、外を向けて机が置いてあるために、堀江が何をしているかがまったく見えない。このままではいけないと意を決した今井は、寿退社の女性が会社を去った翌日、思い切って独断で机の配置を変えてみた。堀江の机の前に会議用の折り畳み机をくっつけて自分の席を作り、堀江の手元が見えるようにしたのだ。出社してきた堀江は何も言わなかった。

堀江の眼鏡にかなう程度のレベルに自分が達しなければ、どうやら何も教えてもらえそうにないということだけはわかっていた。自分の力を堀江に知ってもらうためにはどうすればいいだろう。今井はせっせと型紙をデザインしてサンプルを作っては、堀江に見せて自らをアピールした。仕事の役に立てばと、アウターのパタンナーだったパートの女性に師匠を紹介してもらい、仕事が終わってからアウターの製図を習いに通ったりもした。

堀江は男性だから、やはりデザインがシャープ。永田は女性らしいかわいらしさが持ち味である。「自分はその間を行こう」と今井は思った。

コツコツ続けたアピール作戦が実ったのであろうか、そのうち堀江が試作の製図を今井に渡してくれるようになった。


〈「この子はこれくらいのレベルはできるんやな」とわかってくれたみたいで、縫製の相談をしてくれはるようになり、試作の製図がわたしのほうに来るようになったんです。ああ、こういうふうにしてはるんやなというのがわかるようになってきた。〉

当時、キャナリーの原型はすでにできていたが、堀江はその製図法を見直し、誰が展開しても間違いがないものを開発しようとしていた。今井はそのアシスタントを務めた。

一九八四（昭和五十九）年、新たにカネボウセモアの仕事が始まった。

この時、堀江はカネボウセモア向けに原型を新しく作り直したが、堀江の体調があまり良くなかったこともあり、大半は自宅アトリエでの作業となった。堀江が自宅で製図した原型を、朝のうちに今井がもらいに行く。それを会社に持って帰って型紙にして裁断、縫製。出来上がったものについて電話で堀江に報告し相談する。時にはモデルを伴って堀江のアトリエまで行き、フィッティングを確認する。その繰り返しが約二年続いた。

この時できたものが、現在のシルボアの原型である。この新しい原型が完成した時、初めて今井は、堀江から正式に原型の製図を教えてもらえることになった。

週一回、堀江のアトリエで基本の製図の教えを受け、その日出された宿題を次の週までにやっていって見てもらう。そしてまた宿題を出され……という繰り返し。日曜日は自宅で宿題をする日々が半年ほど続いた。人間の身体というのは平面ではない。だから立体的な物の捕え方をしなさいということを徹底的に教えられたと思う。苦労とは思わず、新しい知識を得る楽しさの方が勝っていた。

堀江は新しい依頼が来ると、新たな原型の開発に入る。それは前の原型に何かしら気になる点があり、一〇〇パーセント満足できないからだ。得意先によっては、原型ができるまで発売を待ってくれるところもあった。

一九九六年から始まったシャルレの大型企画「ドゥヴァンナシリーズ」の開発では特に苦労したと、今井は振り返る。

ドゥヴァンナシリーズのブラジャーは当初、機能性を重視しながらもデザインを優先し、軽いソフトな印象のものを作る予定だった。

堀江と本間博（現・デザイン企画グループ部長）が原型の開発を進めたのだが、デザインを優先したため、なかなか思うような着け心地にならない。

シャルレではフィッティングを代理店の人たちがする。だが、大ヒットしたキャナリーの着用感をよく知っている代理店の皆はキャナリーと着け比べてしまい、アンケート結果が良くないのだ。どうしてもキャナリーと同じか、それ以上のものが求められるのだから厳しい。何度もパターン修正を繰り返したが、どうやっても満足してもらえない。

そうこうするうちに納期が迫ってきた。もう間に合わないという状況になった年末、シャルレ側とカドリールが合同で、フィッティングがOKにならない状況をどう打開するか、話し合いを持つことになった。ずっとフィッティングに立ち会ってきた今井は、その席で言った。

「この原型では正直うまくいくとは思えない。キャナリーと着け比べをされるのだから、思い切ってデザインを変えない限り、代理店からOKは出ないと思う」

堀江は正月返上で一から原型の見直しを始めた。新たなデザインを二タイプ作成し、神戸の代理店の人たちにフィッティングしてもらった。

緊張感の漂うフィッティング会。今井の他に営業の小原京子が立ち会い、ようやくすべての代理店からOKをもらった時は心底安堵した。ふと気が付くと小原がいない。今井が探したところ、小原はトイレで泣いていた。それだけプレッシャーのかかったフィッティング会であった。

この時はブラ以外にロンググガードル、ショートガードル、ボディスーツ、スリップ、キャミソール、キュロットペチコート、ショーツ、ボディシェイパーの九アイテムがデザインされた。ロンググガードルとショートガードル、ボディスーツの原型も新しく作ったもので、特にロングガードルのヒップアップ構造では堀江が特許を取っている。ヒップの山が丸くて高さがあり、ヒップアップ効果の高いものであった。

ひとつの原型を作るのに二年もの年月をかけていた堀江。それでも一〇〇パーセントの原型というのはなかなかできず、不満足なところが出てくる。そうすると違うやり方に変える。ひとつ変えると、それだけで展開の仕方が全く変わってしまう。

型紙を変えなくても、生地替えやレース替えをすると多少の着用感の違いが出てくる。するとまたそのたびに、堀江は製図の引き方などの手法を変える。変更があるたびにそれらをすべて覚えねばならず、今井は非常に苦労した。

しかし、この堀江のやり方で原型を作り上げると、いろいろなカッティングがここから自動的に展開できる。原型の作成時に時間をかけて検証するので、ひとつのサイズからグレーディングまで決められた手法にのっとって正確に製図しさえすれば、いちいち中間サイズを確認しなくても問題なく短時間に型紙ができるのである。堀江はこれを「ペーパーコンピューター」と呼んでいた。

原型を考え始めると、堀江はだんだん違った方向に入り込んで行くことがあった。そうした時に今井がひと言違った意見を言うと、その時は無視するのだが、次の日に方向転換してくれて原型の完成が早くなることがよくあった。

一方、堀江の考えに納得できない今井が「それは違う」と反論すると、「そんなこと言う奴はクビだ！」と怒り出す。

何度か「クビ！」と言い放たれつつも、しかし、今井は堀江のことが大好きだったという。

〈堀江センセはとってもかわいらしかった。変人て言われてますけど、女の人には人

気があったと思います。〉

靴とファウンデーションは似ている。どちらも着けているのを忘れるようになってこそ。どうしたらそういうものが作れるのか。原型と必死で格闘していた堀江の姿が見えるようだ。

西田の求める理想の下着を形にし、文字通りカドリールの原型を作ったデザイナーの堀江昭二は六十歳で定年後、嘱託契約となり、故郷の金沢に帰った。家を建て、そこでも原型作りを続けていたが、二〇〇九年十月、カドリールにたくさんの原型という財産を残して、金沢の地で逝った。

サイドサポート理論による「補整」

堀江が起こしてカドリールのデザイナーが継承している「サイドサポート理論」というものがある。これは堀江のブラジャーの基本的な考え方である。

例えばシャルレのキャナリーやセモアのシルボアは、バストの形状とブラジャーの形状が似ても似つかない。ブラジャーをハンガーにぶら下げた時に横に広がらず、奥行きが深い。サイドが真っすぐでストンと下がる。これは人間の身体の奥行きを考慮して作られているからで、他社のブラジャーとの明確な違いだという。

人間の身体というのは前後からの力に弱い。いい例は、満員電車で前から押されるときつい が、横からの力には比較的耐えられる。それを理解したうえで、人間の身体の作りに逆らわず、ブラジャーに十分な奥行きを与えてサイドからバストをグリップする。そういう考え方で作られている。

女性の体型のピークは十七〜十八歳。そこから間違いなく後退の一途をたどる。バストは次第に張りをなくして柔らかくなり、やがて垂れる。それは逆に、バストの形がブラジャーによっていかようにでも変えられるということでもある。

堀江のブラジャーは人体のサイズを計測してデータを取り、バストの形に忠実に作ったブラジャーではない。人間工学的に作り上げた理想の型に、バストのほうを合わせていく。ブラジャーとはそういう優美な形へバストを「変形」させていく機能をもつべきものだという考えを結実させたものなのである。

「補整下着」という言い方がある。「補整」とは、窮屈にがんじがらめにして体型矯正するような下着ではなく、体型を自然な形で整え綺麗なボディラインを作ること。カドリールはまさにこの「補整下着」のジャンルのパイオニアだと自負する。

ところで、ブラジャーの種類は山ほどある。ワイヤーのあるなし、フルカップ、¾カップ、ハーフカップ……これはいったい何のためなのか。西田は力を込めて語る。

〈つまり、自分のバストを変化させて形を変えるためなんです。日本の女性の多くは知らないでしょうけど、アウターにリンクさせるために造形を変化させる。そのためにブラジャーのカッティングがいろいろあるんです。お客さんに枚数を買わせたいからいろいろ作るのではない。その日このコスチュームを自分が身に着けたい時に、このブラジャーがベストですよというのがあるんです。そのための下着なんですから。アウターを支えるための基礎の部分がファウンデーションなんですから。〉

例えば、スーツでピシッと決める時と柔らかなニットのセーターを着る時ではブラジャーの種類を変えるべきである。ニットのセーターなら、ノンパッドのフルカップタイプのブラジャーを使ってあげないとシルエットに違和感が出る。

また、ファウンデーションにはある程度の強度や伸縮性が備わっている。身体に密着して圧力もかかることから、自分に合っていないものを着けていると不快だし、きつかったり痛かったりするだけではなく、整えるはずの体型を逆に崩してしまったりする。肌に直接ふれるものだから、肌触りや着用感も重要だ。

ファウンデーションというのはそれだけ難しいもの。だから試着は絶対に必要だし、着けていて苦しくなく、動いても着崩れ現象が起きないものを自分の目できちんと選んでほしいと西田は考える。

今、女性にブラジャーを買う時の基準は何かと尋ねると、八割の人がデザインだという。機能を基準にするという女性は二割ほどしかいない。

「二割の人しか気にしないのに、なぜあなた方は機能機能と言うのか？」

よくそう言われるが、着け心地のいいブラジャーのことをみんなが知らないからだと西田は思っている。

消費者はデザインのいいものが身体に合うと信じて買う。それは買う方の立場では当たり前のことだ。なのに、買ってみたら着け心地が今ひとつで、また新しいものに手を出す。なのに、それも今ひとつ。そんなことが続くと、ブラジャーというのはこんなものだと思ってしまう。

〈残念なことに、そういうお客さまが非常に多い。本来ならば、デザインに下着メーカーがきちっとした機能の裏付けを保証する、そういうビジネスをわれわれはやらなければならないんです。ただ、お客さまはあまりに安易にお買いになる。フィッティングもしないで、わたしは70のBカップだからこれくらいでしょと、ブラウスの上から当てたり計ったり。それじゃあダメなんです。下着はじかに肌にのせてみないと。靴を買う時と同じです。痛い靴を、デザインがいいからといって買いますか？　買わないでしょう。足以上にバストは柔らかいから崩れるんです。サイズは目安にすぎないんです。だから絶対条件としてフィッティングは必ずしてください。同じ70のBカップといったって、生地も違うし、メーカーの数だけ全部違うんですから。〉

消費者にも問題はある。

若い女性のブラジャー事情

亀山恵也（かめやまけいや）（セモア商品課プランナー）は、業務委託でバンタンデザイン研究所というファッション系専門学校で週一回ランジェリーファッションクラスの講師として授業をしている。ランジェリーに興味がある人はファッションに比べて少なく、学生数は十数人ほど。セクシーだったり趣味的だったり、下着の夢のような部分が好きな人が多かった。最初はレースの話や生地の話をしたりデザイン画を描いてもらったりし、一年ほどたった頃に、亀山は授業の中で補整下着の話をした。

〈本当の補整下着というのはバストを下からプッシュアップして谷間を作ったりボリュームを出したりするものではなくて、ハミ肉を作らずにフルカップで全部覆ってあげて、そこにお肉を全部寄せてあげてホールドして着崩れないもの。それが補整下着なんですよと教えた。そうすることによって、バストが形状記憶して形も綺麗になりますよと話したんです。〉

それから、亀山は生徒たちに補整下着の例としてセモアのブラジャーを試着してもらった。「シルボア」と「エクセレント」。エクセレントの方もフルカップのノンワイヤーで、シルボアより補整力が強いが、サテン生地とリバーレースのあしらいに華やかさを感じるブラジャー。どちらか好きな方を選んで試着してもらったのである。そして着けた後、動いてもらった。

すると皆が、どんなに動いても着崩れないということに一様に驚いたという。神聖な授業の場であるから、亀山はものを売るつもりなど毛頭なかった。しかし、学生たちが「カタログがあるなら見せてほしい」と言い、全員が注文してくれた。

世の中の女性は、大半が着崩れないブラジャーを着けたことがない。着崩れないブラジャーがあるということも知らない。そのことに亀山は改めて気が付いた。

女性の体型はずいぶん変化している。昔は「ペチャパイ」が多数派だった日本女性なのに、今の若い女性たちの中にはアンダーが65でFカップGカップというような人が意外なほどたくさんいる。そういう人は合うブラがなくて悩んでいる。そのランジェリークラスの中のひとりは、今までいろいろなブラジャーを試したが合うものがひとつもなかったというのだが、シルボアのF65とエクセレントのG65のブラがピッタリ合った。

学生たちは本当にびっくりした。

「こんな商品が三十年前から作られているなんて知らなかった。宣伝が下手ですね」

そんなことを言う学生がおり、中のひとりは感激のあまり、

「セモアに就職したい。どうすればできますか」

と亀山を驚かせた。


セモアに来る前はキッドブルーにいた亀山だが、キッドブルーはブラジャーに対してセモアとは全く違うアプローチをしている。ボディメイクをするというより雰囲気を楽しみ、生活をエンジョイするためのブランドなので、カップブラやワイヤーブラを作っている。ワイヤーブラは腕を上げるとバストとブラが遊離して着崩れるが、そういうものだと思っていた。楽ちん

なカップブラは胸の大きい人が着けるとどうしても伸びて揺れる。しかし、そういうものだと思っていた。

セモアはキッドブルーとは全く違うものを目指している。無駄なものをそぎ落としてシンプルなフォルムでしっかり補整してボディメイクしましょうというのがコンセプトなので、見て楽しいというものではない。ふたつのブランドはまったく方向性が違う。

ただ、世の中にはこういう着崩れないものがあるということを知らず、補整とはどういうものなのかを全くわからずに、デザイン性のみを追求して作られているブラジャーが多い。買う方もレースがいっぱいついた華やかでかわいいものを選ぶ。見た目重視でみんながモノを考えているからだと亀山は思う。

学生たちはこう言った。

「フルカップのノンワイヤーブラは、普段使いなら全然いいよね」

アウターがそうであるように、ブラジャーにもTPOがある。普段は補整下着で肉を分散させないようにしておいて、TPOで違うのを着ければいい。

アカデミー賞の授賞式でレッドカーペットの上を歩く女優はみんなノーブラ。彼女らだって、普段はフルカップのブラで形をキープしているはずだ。

バストはどうしたって時と共に垂れ下がっていく。だから普段はきちんと体に合ったブラジャーでホールドしておくべきなのだ。

お洒落と補整

西田と堀江が目指したこれぞカドリールという本質的な機能商品。しっかりとバストをホールドして美しいラインを作り、なおかつどんなに動いてもずれたり着崩れたりしないブラジャー。現在のところカドリールブランドでは、セモアの商品がまさにそれを体現した中心商品である。

ノンワイヤーのフルカップがラインナップのメインだが、世の中はワイヤーのあるものが主流なので、要望されてワイヤータイプも開発した。基本はノンワイヤーが本質ですよと語っているが、その代わりカップごとにワイヤーの長さを変え、痛くないようにきめ細かくギリギリまで長さを調節していると西川哲也（現・セモア社長）は話す。カドリールが作ればワイヤーブラでもこういうものができる、ということを見せたかった。

ブラジャーはフルカップにするほどレースなどが綺麗に見えないし、活かしづらい。古臭さが残る下着然としたものになってしまう。しかしデザインを優先すると、女性の身体の肉をしっかり整えてくれるものはまずできない。やむなくワイヤーを入れて下から支えることになる。

便利なもので、ワイヤーというのは使うとありとあらゆるアレンジができる。そのかわり、ずれることなく身体に沿ってどんな動きにもついてくるという機能は犠牲になってしまうのだ。悩ましい話である。

しかし、これだけ日本の女性がお洒落になり、世界でも有数のファッション王国に育った今、下着にモードっぽさや美しさが求められるのは当然だ。セモアの西川は言う。

〈店頭では悲しいかな見場（みば）がありますから、綺麗に飾ってないとどうしても触ってみるという気になれない。どうしてもレースや色に力を入れざるを得ない。間違っているとは思わないが、お客さまをつかむ手法が違うのです。〉

「チャレンジですよ。可能性はすべてである」

きちんと機能の裏付けをしたうえで、時代に合った感性を持ちこみ融合させる。西田はカドリール初の自社ブランド「ランジェリーク」で、その可能性を探っているところである。

クロエから始まったランジェリークは、当初はそれ以前のディオール時代の型紙をアレンジして商品を作っていた。それも良いものであったが、今は堀江の型紙を現代風に変化させて使っている。デザインにおいても、チーフデザイナーの有馬が独特のシックなセンスを光らせ始めた。過剰な装飾がない、それでいながら品のいいレース使いが極めて洒落たランジェリークの製品は、低迷がちなファウンデーション市場で年ごとに売り上げを伸ばしているという。

人間の身体は動く。ブロンズ像のように静止しているわけではない。手を上げた時、ぐるぐる回した時、身体をひねった時、そうした変化の数値を一枚の布の中にどう盛り込むか。そういったことは世界的にあまり認知されていないが、そこに早くから気づいて堀江と共に研究を重ねてきた西田こそ、本当に女性のバストのことを真剣に考えてきた人間だといえないだろうか。

ミシンの部品は、西田が「火事になったらこれだけは持って逃げる」という技術の要

カドリールニシダ
京都本社

デザイン研究所ＣＡＤルームでの作業

緻密な縫製が快適な
着け心地を生む

エピローグ　〜カドリールニシダの今〜

社長から会長へ

二〇〇五（平成十七）年七月、西田清美は七十三歳でカドリールニシダの社長を退き、代表取締役会長となった。後任には、長男の寿夫が就任した。

西田は当初から「カドリールは西田家のものじゃない。社員みんなのものだ。だから会社には身内を入れたくない」と考えていた。また、当時のカドリールはまだ経営が安定せず、資金面で常に追いつめられていたから、この先会社を続けていけるという自信もなかった。いつ潰れるかもわからない会社で寿夫を巻き添えにするわけにはいかない。この会社で絶対に世の中の役に立つ商品を作ろうと思っていた西田だが、それはひとつの夢であって、必ず成功するという確証はまったくなかった。

寿夫は寿夫で、夜も昼もなく働き、元日から飛び回ってほとんど家にいない西田の姿を見て大きくなり、いつかは仕事で父親を助けたいと考えるようになっていたが、西田は仕事に対して妥協を許さず、社員にも常に高いレベルを求める人間。自分は父親の求めるレベルに達していないという自覚があった。地元の信用金庫を就職先に選んだのは、それでもいつかは父親の会社で働くことを視野に入れて見聞を広め、できるだけ多くの中小企業を見て勉強しておきたいと考えたからだ。

大学卒業後、京都信用金庫に十四年勤めた後、寿夫は一九八八（昭和六十三）年にカドリールに正式入社した。

〈（信金に入って）いろいろ他の会社を見せていただいた時に、カドリールというのは結構すごい会社なんやなと思うようになったんです。そしたら当然、こちらも欲が出てきた。うちの会社に入るとやりがいがあるんじゃないかと思うようになった。今まで、父親を男として見たことがなかった。怖いおやじとしか思っていなかった。でも会社を見ると、身内のヨイショになるかもしれないが、この人はすごいなと思い始めた。仕事への意識が「抜けてる」なと。そこに自分が入ったらどうなるんやろう。で、入れてくださいとお願いしたんです。〉

西田の自宅には、昔からよく人が訪ねて来た。いろいろ困ったことを相談しに来ては帰って行く。小さな公団住宅だったから、客間は入口のそば。何をしゃべっているのか寿夫にもすぐわかる。いろんな人が西田を頼って来るのに、それを決して見捨てない。頼まれたら絶対に嫌と言わない。

父親としての西田はとにかく怖く、厳しかった。息子としての反発も強くあった。しかし、厳しいくせに人情にはとことん厚い西田の姿をずっと目の当たりにしてきた寿夫には、父親の人間としての器の大きさがよくわかったのである。

「身内は入れない」と突っぱねていた西田の気持ちも動いた。

妻の久美がこう言ったからだ。

「あなたはそんなことを言うが、寿夫も（娘婿の）井上も周囲からどうせおやじの会社に帰るんだろうと思われ、自分の会社で前に進めなくなっている。中途半端な状態で非常に悩んでいる。だからあなたの好き嫌いじゃなしに、一緒に会社のために働けるように指導したらどうですか？」

キャナリーのヒットを経て、カドリールの経営も安定してきていた。それでも小さい会社であることは間違いなく、求人をしてもなかなか思うような人材が集まらない。息子たちの協力が得られれば、西田も助かるのであった。

入社後の寿夫は、財務経理の係長からスタートした。ところが、二年半後に資材へ異動。すでに四十代になっているのに、空調もない倉庫でパンツ一丁でやる肉体労働。これには参った。

〈その後、営業のまねごとも四年やらせてもらいました。たぶんいちばん役に立った時代かなと思います。なんでこんなことをと若干疑念を持ちながらでしたが、今思えばよかった。企画営業ですから商品のことを知らないと営業はできないけど、小さい頃から家にブラジャーやショーツが積んでありましたから。〉

財務、資材、営業、もう一度財務に戻り、藤川と働いた。いろいろ鍛えてもらった。

〈二年に一度、国税調査と称して税務署がやって来る。利益を出している会社からは、少しでも多くの税金を搾り取ろうというわけです。税務署の言う通りやってたら会社が立ち行かなくなるような時期だったから、藤川さんは会社にお金を残すために税務署と正々堂々と戦ってはりました。すごいなあと思ってました。中小なんで向こうもなめた感じでくる。藤川さんは女性ですけど、その頃はもう一目置かれていて、向こうもかなり気合を入れてきてた。このおばはんは、ひと筋縄ではいかん。ねじ伏せて言う事聞かそうという人と、懐柔しようという人と二通りあった。やっぱりすごい女性ですよ。〉

今、社長となり、西田が築いてきたものを継承しつつ、時代に即した修正を加えながら乗り遅れないようにやっていきたいと寿夫は思う。

〈会長がおられたからこうだというのを無くすのが僕の役目です。後を継ぐのは大変ですが、「モノ作りのカドリール」という看板は大きな財産になっています。うちの営業がどこへ行っても、「あ、カドリールさんですか。どうぞ」と話を聞いてもらえる。評判を聞いてわざわざ訪ねて来てもらえる。いきなり「ごめんやす」と出かけて行っても、必ず話をしてもらえる。その後で値段が合うか合わないかは別の話ですけど、その看板を遺してもらったのはすごいことです。〉

伝えてきたもの　伝えてゆくもの

カドリールニシダの本社は一九九七（平成九）年に五条通の京都エクセルヒューマンビルに移転した。厳しかった時代の記憶が染み込んだ元ビリヤード場の社屋は物流センターになった。カドリールのグループ企業のうち、カドリールインターナショナル（キッドブルー事業部・セモアブライダル事業部）、ランジェリーク、セモアは東京目黒にオフィスを構えている。海外には青島カドリール、カドリールヴェトナムの他、中国国内での内販部門を担当する上海カドリールも稼働している。

取引先は二十以上に及ぶが、シャルレは今もカドリールの最も大きな得意先だ。大恩のあるエトワール海渡とは、半世紀たった今も変わらぬ付き合いが続いている。

「モノ作りというのは絶対に手を抜いたらアカン」

西田はプロとして自分が信ずる商品を売ってきた。それだけは自信がある。儲けは後からついてくる。損しなければそれでいい。

たいした儲けにはならないことが最初からわかっている仕事も、頼まれれば嫌とは言わずに引き受ける。

例えば、乳がんになって乳房を失った患者のためのブラジャー開発。うちがやらなければどこもやらないだろうと思ってのことだった。要らざるハンディを背負ってしまった女性が美しさに対する欲望も捨てなければならないのは残酷なこと。そういう女性のための支援をできるということが西田には喜びであった。温泉協会に許可をもらって、ブラを着けた状態で入浴できるカバーも作った。

オーガニックコットンのブラジャーも手がけている。オーガニックの製品にはオーガニック協会の認証が要る。原料の綿花はどこの畑でどれだけ収穫したというのを明確にしなければならない。スパンデックスの代わりには綿でカバーリングをしたナイロンを使う。原価を問わずに作ればできるが、いろいろな研究が必要。儲けは度外視である。

テレビショッピングのＱＶＣでは、ツインクロスというブラジャーを販売している。ノンワイヤーでアンダーに仕掛けがある。左右のバストを浮かせた二枚の布で別々に支え、クロスさせるという新しい発想で特許を取った。左右のカップが別々なので、腕を上げたり捻ったりという身体の動きに追随できる。もともとはＯＥＭ先のために開発した商品だったが、先方に販売力がなく商品がさばけず困っていた時に、たまたまＱＶＣから話があったのでやってみた。

「そんなにうまいことといくのかな」と半信半疑だったが、月二回ほど各一時間の放映でびっくりするほど売れる。テレビの力には驚いた。

着物専用のブラジャーも作った。カドリールにはセモアブライダル事業部がある。結婚式に出席するお客さんは留袖を着るが、その時のブラジャーが欲しいというのであった。そんなに多くは期待できないだろうと思っていたのに、意外なヒット商品となった。

パーティー形式の訪問販売からスタートしたセモアだが、今はかつてのような在宅主婦の激減に直面している。バンタンデザイン研究所のランジェリークラスの学生たちが誰もセモアのブラジャーを知らなかったように、この販売方法では、ご縁がつながらない人にはまったく存在すら気づいてもらえない可能性が大きい。基本は対面販売だが、インターネットによる直接販売も始めた。ひとりでも多くの人に本物を知ってもらうために、これからは新しい商品の提示と開発をしていかねばならないと考えている。

最近はガードルやボディスーツがあまり売れなくなった。女性が積極的にスポーツで身体を鍛えるようになり、結果として身体がシェイプされてきたために、下着の補整力に頼る必要性を感じなくなっているのだろう。

ランジェリーを着ける女性も少なくなり、スリップなど価格の張るものの需要が減っている。下着メーカーとしては非常に悩ましい現状である。

西田たち男性の立場から言うと、女性の衣類の下の、美しいランジェリーを纏(まと)ったボディは尽きせぬ憧れである。できれば思うさま想像をかき立てさせてほしい。ブラ付きタンクトップに素っ気ないショーツが悪いとまでは言わないが、セクシーな下着が醸し出す極上の夢とロマンの世界は、できればいつまでも続いてほしいと思うのである。

時代は変わりゆく。ワコールとトリンプを残し、ナイガイ、レナウン、グンゼ、ルシアン……大手の名だたる企業は皆ファウンデーション事業から撤退した。後発の弱小企業カドリールがよく生き残れたと思う。この先を生き抜いていくのもおそらく大変なことだろう。それは西田もわかっている。

八十四歳になった西田は、久しぶりにデザイン室のミーティングに出て話をした。

自社ブランドができたとはいえ、やはりカドリールはOEMの仕事が大半を占める。OEMは取引先あっての仕事であるから、どうしても先方の要望を取り上げざるを得ない局面にぶつかることがある。

〈でもそれは、君たちの力が及ばないからそうなるんだよ。バイヤーさんが万一間違った要求をしたら、それはこういう理由で、こういう方法で解決しないとうまくいきませんよ、これでいかがですか？　と対案が出せるような技量を身に付けなさい。でないと本当の意味での会社のDNAが守っていけない。バイヤーさんは素人です。素人さんの思いつき思いつきでモノを変えていくと、その時はいいけど、だんだん会社が駄目になっていく。そういうことを常に意識して仕事をしていただきたいんです。〉

会社のバックボーンを一本しっかり通して揺るがないこと。これだけはうちの会社の哲学だと、絶対妥協を許さないところを持っていないと企業はダメだと西田は思っている。経営も政治もそれは同じ。消費者は会社の哲学を信用してついてきてくれるのだから。

藍綬褒章を受章

二〇一一（平成二十三）年十一月、秋の叙勲で西田は藍綬褒章を下賜された。婦人下着産業界への長年の貢献が評価され、日本ボディファッション協会から推挙されてのことであった。西田の真摯な下着への向きあい方を知る人々が、このような形に持っていってくださった。

「自分の会社はＯＥＭメーカーなのだから」

ブランドメーカーの陰で常に遠慮がちに一歩下がって歩いてきた西田は、受勲の知らせにも最初は少し戸惑い気味であった。周りの人間のほうがよほど喜んだのである。

会社の上層部、顧客先、協会、親しい人たちなどを招いて、受勲の祝賀会が銀座マキシムで行われた。その際、服部が声をかけて八商の同級生たちも参加したが、何人もの同級生が不思議がった。

「なんで、あの西田が勲章をもらえるんだ?」

「勲章? ケンカばっかりしとったお前がか?」

八商時代のやんちゃなイメージがそんなに強烈だったのだろうか。そらまた勲章もずいぶん値打ちが下がったもんやと言われ、西田は大笑いであった。

たくさんの人々に囲まれて祝福の声をかけられ、この日、西田は晴れやかな笑顔を輝かせた。感謝の思いが溢れた。

この日の司会は服部。ピエール・カルダンからの祝辞は一日遅れて届き、祝賀会での発表に間に合わなかった。

自分はいいブラジャーを作るために命を懸けてやった。山があり、谷があった。筆舌に尽くし難い苦労があったのに、そんなのは何故だかみんな忘れてしまって、残っているのはいい思い出だけだ。

思えばなにもかもが出会いであった。一番は堀江昭二だ。堀江と出会えたから、切磋琢磨して成長できた。こいつだけは何があっても大切にしようと思ってきた。

何度もピンチに見舞われたが、いつも不思議に誰かが助けてくれた。たくさんの人に恩がある。韓国のホテル火災でも生き残った。

神さまというのがもしいるのだとしたら、自分にはブラジャーの神さまでもついているのかもしれない……。

一九五一年、八商を出て和江商事に入社したのがすべての始まりだった。

〈塚本さんと仕事ができたのは勲章です。この業界に参入できたのは塚本さんがいらっしゃったから。そうでなければこんなことはあり得なかった。だってケンカしいの硬派だったんだから。〉

会長室は、現社長と共用(上)
2011年、藍綬褒章を受章(左)
受章祝いに贈られた人形(右)

特別編　高橋弘（現・社長付顧問）が語る西田清美

商談でもなんでも必ず横に座らされたから、なんでもそばで聞いてます。会社が始まってからもう半世紀でしょ。最初から二人三脚みたいな感じで。

結構ファン多いですよ。業界の人もオーナー（西田）の人柄をみんな理解してて、行く先々で「えーあんた、西田はんの人？」と言われて、営業活動やりやすかったですもん。唯我独尊じゃなくて配慮のある人ですから。

「わしは営業マンやない。技術屋や」と言うてますけど、生産の現場にも自ら入っていったというのが、今のカドリールの核になっていったと思います。こだわりのモノ作りというのが。現場知らなかったらそんなにこだわらないですもん。

やっぱり企業のスタートの動機ちゅうのは大事やなと思うわ。儲かるからブラジャーやろうてなった会社は確かに儲けるけど、お客さんが喜ぶモノ作りには全然着眼せえへんものね。カドリールは最初からお客さんが喜んでくれるモノを作ろうと思てるから、今もその哲学はあらゆる場面で出てくる。それはオーナーの思いですから。

よく言われました。偽物はあかん。本物やと。

「バイヤーはだませてもお客さんは絶対だませへんよ。女性は難しい理屈を考えなくても、着けたら身体でわかるんやから。そんな商品、絶対売れへん。絶対倉庫で在庫になってしもて、次の注文くれへんよ」

堀江さんもおんなじことゆうてましたね。

その代わり、カドリールの商品は高い。バランス良く作られている素材というのは高いんです。カドリールの製品は高い素材を組み合わせるのがベースにある。だから、それを理解してもらうのが大変です。

オーナーがものすごく懇意にしていた奈良のサニタリーショーツの会社がおかしくなって、資金がないから助けてくれと。一緒に火事に遭ったあの専務さんです。昔から世話になってるから、オーナーは二つ返事で手形を出した。それがあっという間に一億になり二億になり三億になり……やっぱり社内でも反対が出てきた。

「もう社長、これ以上は危険やと思います。支援を打ち切るべきやと思います」という意見が出て来た。

　その時、オーナーはこうゆうたね。

「受けた恩に時効なんてない。そんなもん、今、中途半端に支援をやめたらあの会社がその場で潰れる。そんなことするくらいだったら最初から支援なんかしない。相手が完全に生き返って元気になってくれて初めて意味があるんで、彼らが生き返るまで支援は続ける。口出しするんじゃない」

　そらそうやな、理屈は通っとるわなと思った。それが四億になり五億になり、パンクした。その時、その専務さんは武士やね。責任とって命を絶ちはった。普通そういう時、たいがいの経営者は逃げるんやけどね。

　そしたら、もうそれっきり。なんも言わない。

　世間では、カドリールがうまくいってるもんやからうらやましがられて足引っ張られて悪い噂を流された。「カドリールはもうあかん」と。そうすると資材屋さんが不安がって材料を止めてくる。不渡りも出してないし、まだ余力があったにもかかわらず。噂のために。われわれ社員もびびりますからね。世間でそんなこと言われて、もうあかんのちゃうかなと思う。

　その時、幹部集めてオーナーがゆうたんは、

「お前ら、俺にもうそろそろ支援をやめた方がいいんちゃうかと言ってたにもかかわらずこう

なったから、俺がお前たちに頭下げるためにここに呼んだと思てるやろ。とんでもない。頭なんか下げへん。お前たちにゆうとくことがある。世間には一円も迷惑かけへん。今、ウチが持ってる倉庫に積んでる商品、どれも相手さんが全部決まってる。一枚も注文書なしで作った商品はないんだから、ここで企業スタンスを見せてもらう。踏み絵かもわからんけど。在庫全部引きとってもらう。各社。金は余るはずや。

高橋、お前、関東エリア行ってこい。俺はシャルレに行ってくる。一円もまからんよ。現金や。それでおのおの客先の企業姿勢を見せてもらう。ちょうどいい機会や。こんなことでもなかったら、ウチの倉庫は空にならんがな。だいたいOEMメーカーがこんなに倉庫に商品積んどるなんておかしな話や。倉庫代も馬鹿にならんのに」

やっぱりこの人根性据わっとるわと思ったね。結局そしたら得意先全社が協力してくれた。二つ返事で在庫を全部引きとってくれた。在庫を全部引きとるなんて、普通は絶対しない。計画通りしか絶対に取らないです。相手も予算組んでるからね。

結局、お金がごそーっと余ってしもて。在庫が一気になくなったから、逆にその年は五億とか六億とか税金払ったんちがうかな。結果的にどこにも迷惑かけてへんわけやしね。

一回だけそんな大きな危機がありましたけど、堂々と乗り切った人やね。あの時、はっきり言って惚れ直したね。この人はやっぱりすごいと。

「高橋な。これがな、いつもいうきちっとしたいいものを作っているということなんや。ウチが倒れたらあの人たちが商売困るんやから。他のとこに同じもん作れゆうても作れへんのやから。常にそういうものを作り続ける必要があるんや」

その頃一〇〇パーセントOEMでしたから。自分とこのブランドはなかったんですから。やはりメーカーというのはしっかりしたどこに出しても恥ずかしくないモノを作っていないとアカンのです。もし適当なもんしかウチが作ってなかったら、絶対捨てられます。ウチが潰れても、そんなん別にどっからでも買えるがなという世界。カドリールにしか作れないモノを理解してくれる相手としか付き合ってこなかったから助かったんですよ。

僕にしてみたらその時の思いがあるから、誤魔化しのあるいいかげんなもんを作ってたら絶対怖いということがわかってますから。まともにやってれば絶対メーカーは死なない。

後輩たちに言ってるのは、少なくともカドリールはメーカーなんだから、メーカー魂は持ち続けないといけないし絶対忘れるなと。商社に成り下がるな。成り下がったら一発でウチの会社は飛んでしまうよと。いちばん大きな忘れられないエピソードです。

「何がよかってあんなところに行ったんや。夜中も祭日も働かなあかんところ。給料は安いし、やめてしまえ。他に就職先はなんぼでもあるぞ」

昔は、同窓会で男連中からよく言われた。

「ほっといてくれ。俺はおやじに惚れて仕事してるんやから。お前らには絶対わからへん」て、いつもゆうてました。

だけどまあ、そういう仲間たちはみんないろいろ苦労しているわけです。会社辞めたり倒産したり。ひとつの会社でフィニッシュしたのはおれへんわけです。

そういうことを考えてみると、僕自身、ツキがあったなと思います。でもなんでそうなったかというと、オーナーに共鳴して入ったことは当然ながら、オーナーが最初からスタンスを変えなかった。ずっと。自分の生きざまも仕事の中の思いも、寸分変えなかったからついて来れたと思います。途中で不信感とか興ざめすることはいっさいなかった。それは見事ですよ。仕事も遊びも含めて、常に部下に自分の生きざまを見せようと、仕事の仕方を見せようと、こうあるべきやと見せてた。

オーナーは確かにその辺のおっちゃんとは違う。二十三歳の時に、このおっちゃんに賭けてみようかと思ったたんは間違っていなかった、絶対。

僕はラッキーやった。昭和四十四年から一緒。できるだけ近くで誰よりも長い時間、見てこられたんですから。

あとがき

かつては世間では、会社の寿命三十年と喧伝されたこともありましたが、おかげさまでわが社は節目の五十周年を迎えるところまで来ることができました。これもひとえに、公私にわたり、創業以前から今日まで支援してくださった方々のおかげと深く感謝をいたすところです。

企業というものは日々若返り成長をし続けなければ、いわゆる社会的な使命・責任が果たせず退場していかなければならない宿命を負っていると思います。

そのためには私のような老兵となった指揮官が、現場に「ああせい、こうせい」と細かなことに口出しするのは新陳代謝の弊害になると思い、ずいぶん前から控えてきました。

しかし、何とか今日まで来ることができたものの、ふと気が付くとやはり経営の現場のあちこちに長年の錆と言いますか、「うーん、ちょっと違うなー、わかっとらんなー」と感じさせられることもあり、どうしたものかと思案していたのも事実です。

そんな時に幹部社員の金田克博(かねだかつひろ)が突然、「会長、本を出しましょう」と言い出した。五十周年を迎えるので社史でも作るつもりかいなと思っていたら、「今の若い連中、会長の生きざま、創業の理念や下着作りの哲学、仕事に対する思いみたいなものちゃんと聞いたことないんですよ。これではカドリールニシダの理念が霧散しかねません。私は幸運にも会長の話いろいろ聞かせてもらっていますが、その話のバラエティー、説得力に常に感心をしてたんです。〝そうだ、これを一冊の本にまとめたらカドリールニシダのバイブルになる〟と思ったんです」と。

とんでもない厄介なことを言い出して困ったもんだと躊躇していると私の一番の親友、服部くんまでもが悪乗りして勝手にどんどん話を進めてしまう。

でも、よくよく考えるとこれは自分にとっても重要なイベントと気づかされたんです。やはりこのカドリールニシダの将来、そして今世間に出回っている女性下着の現状のことを思うと、自分として何か形にして残すのが社会的使命なのかなと考えるに至った次第です。

幼少から八幡商業時代までには、先生、学友、そして近江八幡が持つ有形無形の価値が私の人格形成に大きな影響を与えてくれたことに今改めて気付かされました。

ワコール時代の事については、本当に私のビジネスの原点であり大事な礎となっています。創業者・塚本幸一氏の人格と類まれな商才、そして男としてのカッコよさには本当に憧れました。勝手に登場していただいているOB諸氏には、私の記憶の拙いところもあるやもしれませんが、寛大にご容赦いただければと願います。

カドリールニシダ設立の前後はどうしても、つらかったこと、苦しかったことが中心となってしまいます。しかしここに私の運命が凝縮されていると思います。そして堀江君との下着作りを通じて、「下着作りの哲学」や「女性美の追求」といった理念のベースを醸成していきました。

事業意欲の赴くままがむしゃらにやってきたという思いですが、自社工場を持たないOEMからスタートをして、中国とベトナムに自社工場を作り、キッドブルー、ランジェリーク等のブランド事業、セモアブライダル、セモアの販売事業、そして中国キッドブルー事業……振返ってみると、時代ごとに要請される経営戦略をそれなりに実践してきたなと、今回本にまとめるにあたって改めて確認することができました。

こうして、中小企業というにはふさわしくない事業の広がりを持つ会社となり、カドリールグループ全体のベクトルを合わせていくためには、創業の理念・下着作りの哲学を共有していくことが今最も必要なことと再認識しています。

そして、私が自信をもって作り上げてきた商品群、キャナリーに始まり多くのファンを持つ下着。この本を手にしていただく方々にぜひ知ってもらいたいのは、自分の身体とそこに着ける下着の一体感がいかに重要であるかということ。機能性がベースにあったうえで、自分を魅力的に見せるデザインやファッションを楽しめるのです。

市場にあふれている商品から、自分に最適な下着を探し出すのは結構大変なことです。年齢によって選択の基準は違いますし、アウターのＴＰＯでもチョイスは変わってきます。

そして、試着の大切さだけは絶対に忘れないでください。

なかなか言葉では言い尽くせないもどかしさを感じながら筆をおきますが、下着についての私なりのこだわりが、読者の皆様に少しでも伝われば幸いです。


最後に、今回の出版にあたり、年寄りの戯言みたいな支離滅裂な語りを、いとも簡単に文章にしてくれた田渕由美子さん、いつもおおらかに、進捗の遅れをワインと共に飲み干してくれた集英社の山本智恵子さん、そしてどうなるものかと不安を抱えつつ見守っていただいた松澤肇さんに感謝の意を表したいと思います。

また、私の不確かな記憶を、裏付けも含め正確になぞってくれた親友の服部良夫君、そして今日まで私の片腕として奮闘し、出版についても細かな部分を埋めてくれた高橋弘君、また協力いただいた社員の皆さま、本当にありがとう。

二〇一六年　秋

西田清美

ブラジャーの基本構造

バストを守りながら美しいラインに整えるために必要なパーツは、
20 個から多いものでは 40 個以上。
それぞれに重要な役割をもち、設計や縫製技術にも
高いクオリティーが求められます。
直接肌に触れるものなので素材選びも大切です。

[フルカップブラジャー]

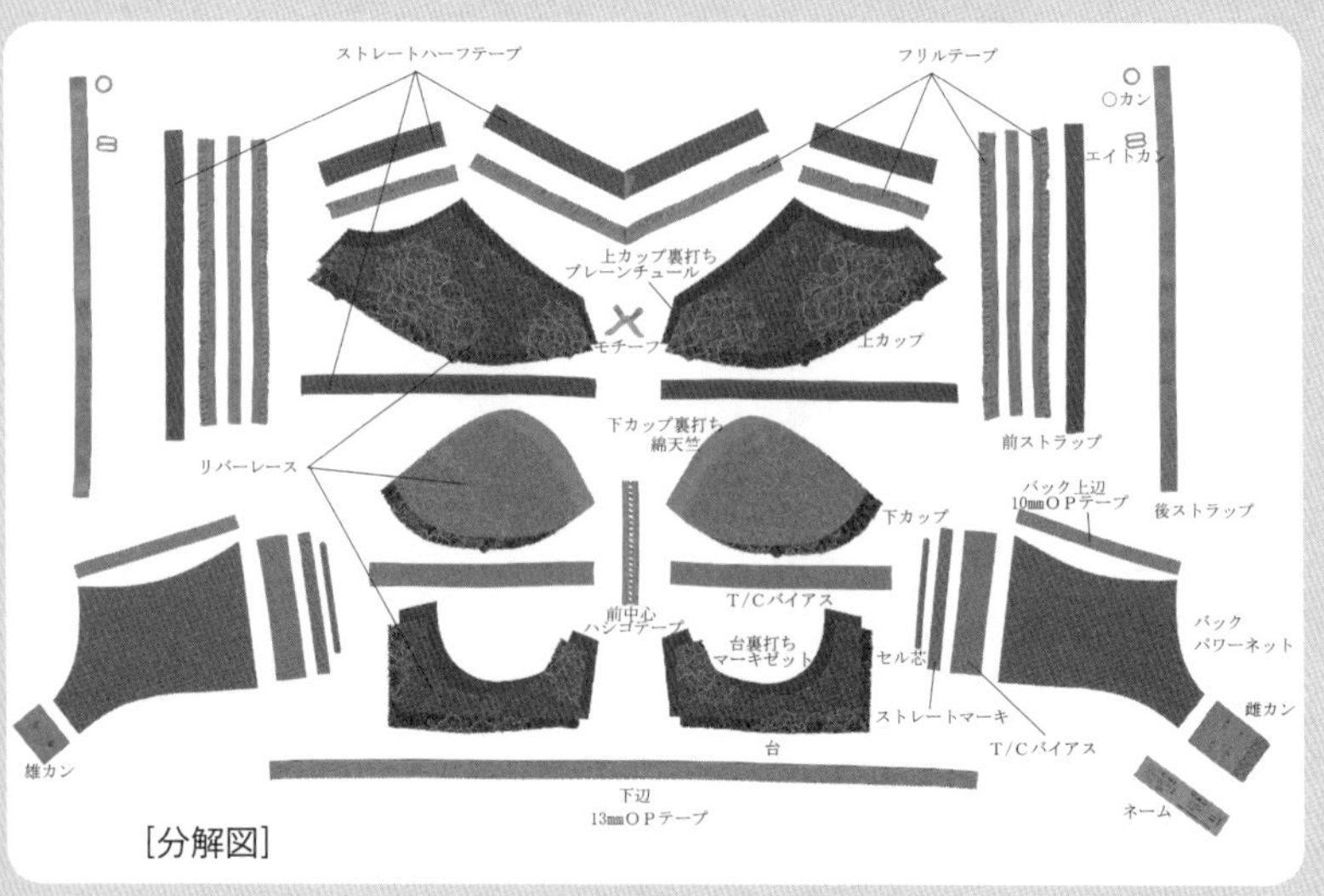

[分解図]

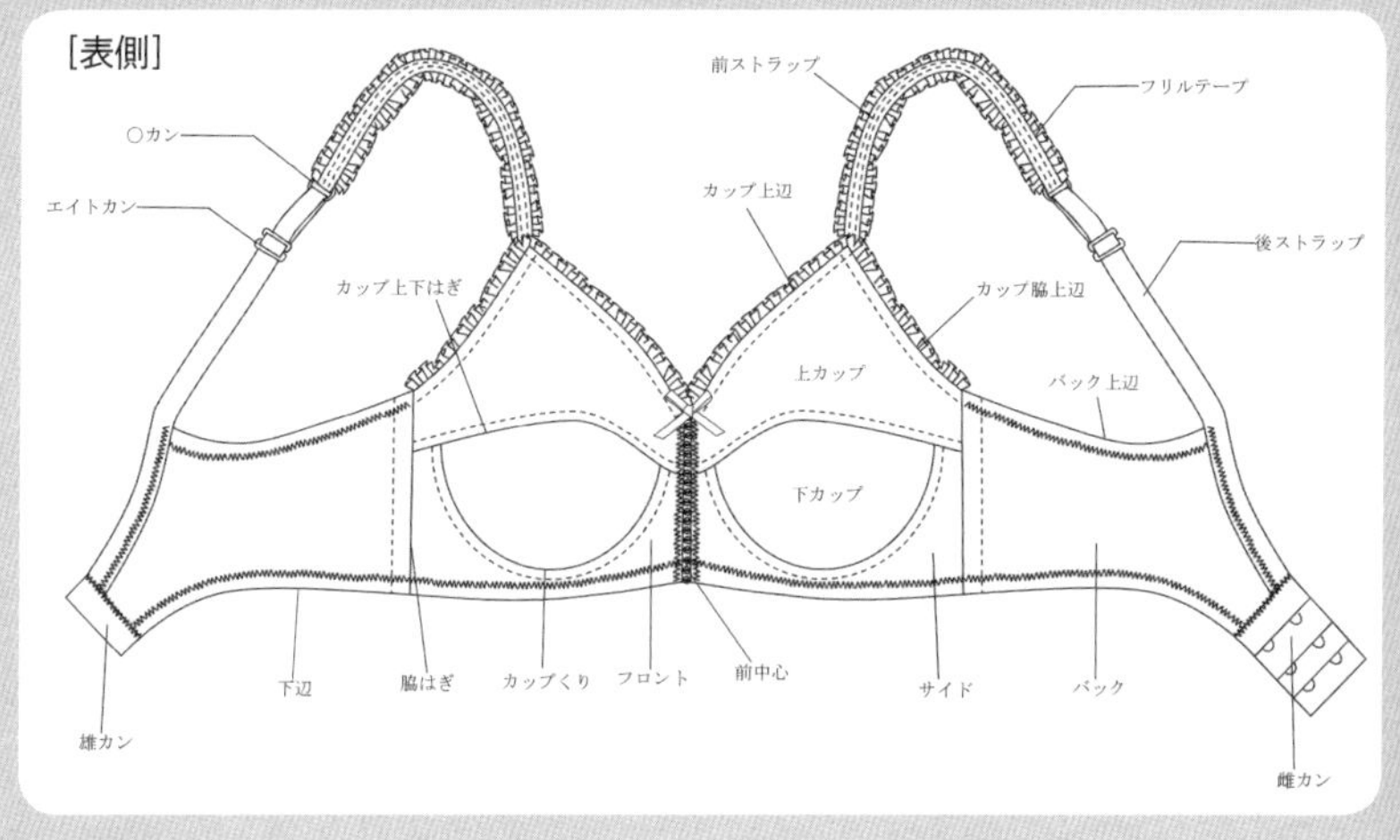
[表側]
前ストラップ
フリルテープ
○カン
エイトカン
カップ上辺
後ストラップ
カップ上下はぎ
カップ脇上辺
上カップ
バック上辺
下カップ
下辺
脇はぎ
カップくり
フロント
前中心
サイド
バック
雄カン
雌カン

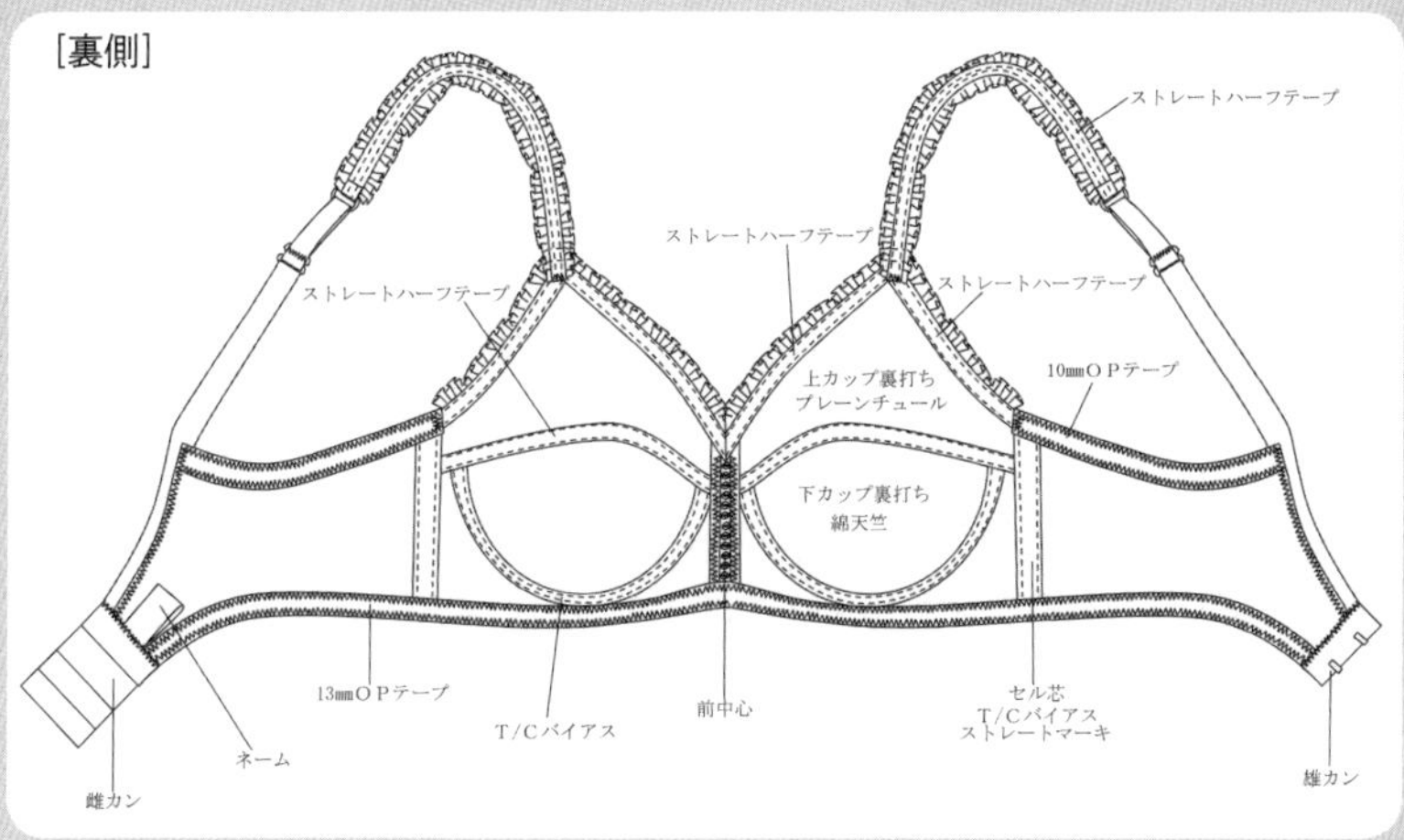
[裏側]
ストレートハーフテープ
ストレートハーフテープ
ストレートハーフテープ
ストレートハーフテープ
上カップ裏打ち
プレーンチュール
10㎜ＯＰテープ
下カップ裏打ち
綿天竺
13㎜ＯＰテープ
T/Cバイアス
前中心
セル芯
T/Cバイアス
ストレートマーキ
ネーム
雌カン
雄カン

ブラジャーは本当に必需品?

ブラジャーはいったい何のために着けるのでしょうか。習慣だから？　着けていないと不安だから？「着けなくてすめばいいのに」という方もいるかもしれませんね。

バストをふくらませている脂肪はかなり重いもの。まっすぐ立てばどうしても下がってきます。これを支えてあげるのがブラの役目。フランス語ではブラのことを soutien-gorge と言います。soutien は「支える」、gorge は「女性の胸」という意味で、役割を的確に言いあてています。かつて日本では「乳あて」「乳おさえ」などと言いましたが、あてたりおさえたりするものではないのです。

ブラは胸を支えてきれいな形を保つ以外に、バストをほどよく上げることで胸の筋肉への圧迫をなくし、血行をよくするという健康上の役割もあります。さらに、アウターに合わせてバストラインを整えることも可能で、大きい胸を控えめに見せたり小さい胸を大きく見せたりと、もって生まれたバストをより美しく表現することができます。

どんなブラでも着けてさえいれば今挙げた役割を果たすかというと、残念ながらそうではありません。バストをきちんと支える機能をもたないブラや、ふくらみをつぶして形を崩してしまったり胸を圧迫して健康にも悪いブラもたくさんあります。「着けなくてすめばいいのに」という方は、こうした間違ったブラを経験しているに違いありません。

横から支えるとずれない！ 痛くない！ 気持ちいい！

靴、帽子、赤ちゃん、そしてブラジャー。一見なんの関係もなさそうですが、実はひとつ、とても重要な共通点があるのです。

まずは靴。買ったばかりのいい靴（値段が高いという意味ではなく）は、かかとの入る部分が狭くなっているはずです。はく前は実際のかかとより狭く、はいた時に広がって両脇からピタッとおさえるので脱げない。

帽子。裏返して頭の入る部分を見ると、左右は短くて前後に長い楕円形になっています（ゴムで留める女性用や子供用には丸いものも）。頭にしっかりフィットさせるためには、横から押さえるのが一番だからです。前後からきつくだと、頭痛がしてしまいます。でも横からなら気持ちよくかぶっていられ、少々の風でも飛んだりしません。

さて赤ちゃん。両脇から抱き上げると、機嫌よくニコニコしています。でももし前後から支えたら苦しくて泣き出します。

もうお分かりでしょう。人間の身体は横からの力にとても強い構造になっているのです。

いいブラは、着けていない状態では、胸幅より狭くなっています。左右に短く前後に長い、奥行きの深い構造になっていて、着けるといったん開いて両サイドからフィットし、バストを支えます。

いいブラは着けないよりも着けた方がずっと気持ちいいもの。バストラインが確かにきれいになったと実感させてくれるものなのです。

ブラジャー知識度チェック

洋服選びやコーディネートにはたっぷり時間をかけるのに、
ブラは適当に選んでいませんか?
あなたの知識をチェックしてみましょう。

今のブラとの相性チェック

ブラを着けると締めつけられるような感じがする。 YES　NO	カップの脇からお肉がはみ出してしまう。 YES　NO	トップ部分が余ってカップにシワが寄っている。 YES　NO
ストラップがしょっちゅうずり落ちる。 YES　NO	手を上にあげるとアンダーが上がってしまう。 YES　NO	アンダーやストラップがきつい。 YES　NO
カップが下向きになっていてバストアップしている実感がない。 YES　NO	動いているうちにだんだん後ろの方がずり上がってくる。 YES　NO	ブラの前中心が浮いている。 YES　NO

YESの数はいくつ?　多いほど問題ありで、
間違ったブラを着けているようです。YESがゼロになるブラを探しましょう。

ブラ着こなし度チェック

体型は微妙に変化するから半年に1回はサイズを測ってもらう。 YES　NO	ブラを選ぶ時は必ず試着する。 YES　NO	ブラにはいろいろ種類がありバストの形もそれぞれ変わると知っている。 YES　NO
アウターに合わせてブラを着け替えている。 YES　NO		スポーツする時と外出用のブラはもちろん別のもの。 YES　NO
お気に入りの服のバストラインを一番美しく見せるブラを持っている。 YES　NO	襟ぐりの広い服を着る時のためのブラを持っている。 YES　NO	アウターを着たら全身を鏡に映してシルエットをチェックする。 YES　NO

YESの数はいくつ？　多いほどブラを上手に使いこなせています。
おしゃれ意識もとても高く、アウターの着こなしもきっと素敵でしょう。

出典（P306～309）：『バストの本　モアセモア　からだの本シリーズ1』

カドリールニシダのブランド紹介

キッドブルー

http://kidblue.com/

ブランドカラーはブルー（海・空・健康的な地球）とホワイト（真っ白な未来）。自分らしいライフスタイルで、新しい明日を楽しく爽やかな気持ちで過ごすためのトータルリラクゼーションを提案。

ランジェリーク

http://www.langelique.co.jp/

上質なものを好み、日々を心地よく過ごしたいと願う女性に向けストーリー性のある下着を。素材選びに強くこだわり、肌に優しくリラックス感のある、現代女性のためのリアルランジェリーを提案。

セモア

https://www.cestmoi.co.jp/

女性の「キレイ」を実現するための技術･ノウハウを具現化し、ファンデーション・インナーを中心に化粧品・健康食品を展開。Web他、全国の主婦を中心としたホームパーティー形式で販売。

セモアブライダル

http://www.cestmoibridal.com/

ウエディングドレス姿を最も美しく輝かせる各種ドレスインナーをラインナップ。人間工学に基づき開発され、補整力・着心地に優れた製品は、ブライダルマーケットから支持され続けている。

ツインクロス

http://www.twin-cross.com/

ワイヤーを使わず、からだに優しい設計で美しくバストメイク。特許の独自構造が驚きの安定感でバストを支える。「楽な着け心地で美しいボディラインを手に入れたい！」そんな願いから誕生。

資料提供：カドリールニシダ（ツインクロス）、カドリールインターナショナル（キッドブルー、セモアブライダル）、ランジェリーク、セモア

カドリールニシダの歩み

西暦	和暦	月	会社の沿革・事業の取り組み	月	時代背景
1968年	昭和43年	1月	京都市伏見区桃山養斎町で女性下着の製造卸売業を創業 三菱銀行伏見口座開設	1月 7月	東大に機動隊8500人導入、安田講堂封鎖解除 アメリカの宇宙船「アポロ11号」人類初の月面着陸に成功
1969年	昭和44年	1月	株式会社カドリールニシダ設立		
1970年	昭和45年	5月	室町五条西に営業所開設	3月 11月	日本万国博覧会、大阪千里で開催（～9・13） 赤軍派学生9人、日航機よど号ハイジャック 三島由紀夫と楯の会、自衛隊東部方面総監部に乱入
1971年	昭和46年	5月	五条通新町西入ル北に本社移転 三和銀行五条口座開設	6月 8月	沖縄返還協定調印 対ドル・レート、変動相場制へ
1972年	昭和47年			5月 6月 9月	沖縄施政権返還 田中角栄通産相、「日本列島改造論」を発表 日中両国首相共同声明に調印、国交樹立
1973年	昭和48年	10月	下京区富小路五条上ル本神明町へ本社移転 内外編物と取引開始	10月	江崎玲於奈、ノーベル物理学賞受賞 オイルショック、国際石油資本5社、供給約10%減通知

年	和暦		取引	出来事
1974年	昭和49年			10月 巨人軍、長嶋茂雄引退 11月 田中首相、退陣表明
1975年	昭和50年			3月 山陽新幹線、博多まで開通 4月 南ベトナムのサイゴン政府降伏、ベトナム戦争終結
1976年	昭和51年			2月 ロッキード事件、強制捜査始まる
1977年	昭和52年		トリンプ（IFG）と取引開始	9月 王貞治通算756号ホームラン（世界記録）、国民栄誉賞 日本赤軍、ダッカ空港で日航機をハイジャック
1978年	昭和53年			5月 新東京国際空港（成田）開港 8月 日中平和友好条約締結
1979年	昭和54年		シャルレと取引開始	1月 国公立大学で初の共通一次試験実施 石油メジャーが供給削減通告、第2次オイルショック

西暦	和暦		会社の沿革・事業の取り組み	時代背景
1980年	昭和55年			8月 新宿駅西口でバス、ガソリンで放火（新宿バス放火事件） 10月 長嶋茂雄が巨人軍監督を辞任
1981年	昭和56年			2月 中国残留孤児47人、初の正式来日 4月 マザー・テレサ来日
1982年	昭和57年			1月 ロッキード事件全日空ルートで幹部6人執行猶予付き有罪判決 2月 東京・赤坂のホテル・ニュージャパンで火災、33人死亡 6月 東北新幹線（大宮〜盛岡間）開業 11月 上越新幹線（大宮〜新潟間）開業
1983年	昭和58年		本社大改修工事（現・物流センター）	4月 NHK朝の連続テレビ小説で「おしん」放送開始 東京ディズニーランド開園 5月 寺山修司死去
1984年	昭和59年		カネボウと取引開始	3月 江崎グリコ社長、自宅から誘拐され身代金の要求 11月 写真週刊誌「FRIDAY」（講談社）創刊号発売
1985年	昭和60年			3月 「科学万博 つくば'85」開会式 4月 日本電信電話株式会社、日本たばこ産業株式会社発足 8月 日航ジャンボ機群馬県に墜落、世界最大の航空機事故

1986年	1987年	1988年	1989年	1990年	1991年
昭和61年	昭和62年	昭和63年	平成元年（昭和64年）	平成2年	平成3年
デザイン室「いづつビル」へ移転			ラ・ペルラブティック六本木出店（つづいて京都・銀座・神戸） 中京区新町通三条町にデザイン研究所開設	オルビスと取引開始	ポーラと取引開始 中国進出決定
4月 男女雇用機会均等法施行 ソ連・ウクライナでチェルノブイリ原子力発電所事故 12月 ビートたけしとその軍団、講談社「ＦＲＩＤＡＹ」編集部殴り込み	1月 東京外国為替市場で１ドル１５０円を突破、円高急速に進む 3月 任天堂のファミコン、国内出荷累計が１０００万台突破 7月 俳優・石原裕次郎死去（52歳）	3月 青函トンネル（５３・８５キロメートル）開通、ＪＲ北海道海峡線運転開始 12月 消費税成立	1月 天皇崩御、皇太子が新天皇に即位 閣議、新元号を「平成」と決定し、公布 4月 消費税スタート。商品・サービスに3％の課税、増収約6兆円	1月 第1回大学入試センター試験実施 3月 黒澤明監督、第62回アカデミー賞特別名誉賞受賞 10月 株価2万円を割る。時価総額３１９兆円に（バブル崩壊） ドイツが国家統一を回復	5月 信楽高原鉄道で普通列車とＪＲ西日本・快速列車が衝突 6月 長崎県の雲仙・普賢岳で大規模な火砕流が発生 12月 ゴルバチョフ・ソ連大統領が辞任。ソ連消滅を宣言 韓国元従軍慰安婦ら35人、東京地裁に１人２０００万円訴訟

西暦	和暦		会社の沿革・事業の取り組み	時代背景
1992年	平成4年	11月	青島嘉都麗時装有限公司設立	8月 株価終値が大反落1万4309円41銭に。バブル景気終焉 9月 学校週5日制スタート。月1回5日、95年4月から月2回 10月 天皇ご夫妻初の訪中、「深く悲しみとする」と反省の発言
1993年	平成5年			1月 EU12ヵ国、単一市場発足 5月 皇太子徳仁親王と小和田雅子が結婚 8月 細川連立内閣発足、38年ぶり非自民政権、「55年体制」崩壊 ドルが一時100円40銭に
1994年	平成6年		キッドブルーに資本参加 ダイエーと取引開始 青島工場稼働開始	6月 NY外国為替市場で1ドル99円85銭。戦後初の100円割れ 松本サリン事件 7月 北朝鮮の金日成主席死去（82歳） 9月 関西国際空港が開港
1995年	平成7年			1月 阪神・淡路大震災 3月 地下鉄サリン事件 4月 統一地方選挙で東京都知事選青島幸男、大阪府知事選横山ノック当選 7月 米国がベトナムとの国交正常化。ベトナムASEANに加盟
1996年	平成8年	10月	カドリールヴェトナム株式会社設立 ピエール・カルダンブランド中国内販開始	1月 大手スーパー各社が元日営業を始める 日本人初の搭乗運用技術者若田光一「エンデバー」で宇宙へ 2月 作家・司馬遼太郎死去（72歳） 9月 尖閣諸島の領有権問題で抗議の台湾活動家ら同諸島に上陸
1997年	平成9年		京都エクセルヒューマンビルへ 本社移転（現在地）	2月 中国の最高実力者・鄧小平死去（92歳） 4月 消費税の税率を3％から5％に引き上げ 7月 香港が英国から中国に返還される 9月 ノーベル平和賞受賞者マザー・テレサ死去（87歳）

1998年	1999年	2000年	2001年	2002年	2003年
平成10年	平成11年	平成12年	平成13年	平成14年	平成15年
					12月
カネボウセモアよりブライダル事業営業権を譲受、セモアビーアンドエム株式会社を設立 ピエール・カルダン青島工場へ招聘 青島工場ラ・ペルラ生産開始、社長マゾッティ青島工場へ招聘				株式会社キッドブルーを傘下へ	ツインクロスTVショッピング開始
4月 明石海峡大橋が開通し、本四連絡橋神戸―鳴門ルート全線開通 9月 映画監督黒澤明死去（88歳）10月1日国民栄誉賞表彰	1月 EUの単一通貨ユーロが仏独等11カ国に導入、英国導入せず 7月 文芸評論家の江藤淳が自殺（66歳） 9月 東京・池袋で通り魔殺人事件発生。2人が死亡 10月 世界人口が60億を突破	7月 百貨店大手そごうグループが民事再生法申請し、倒産 第26回主要国首脳会議（九州・沖縄サミット）が開幕 8月 日本銀行が「ゼロ金利政策」を解除。0.25%へ 10月 白川英樹導電性プラスチックでノーベル化学賞受賞	1月 ブッシュが米国大統領に就任 ダイエー中内功が臨時株主総会で正式辞任 4月 自民党総裁選で小泉純一郎が当選、小泉内閣発足 9月 米同時多発テロが発生。死者3000人以上 10月 野依良治・名古屋大学教授がノーベル化学賞受賞	9月 小泉首相が首相として初めて北朝鮮訪問、 金正日総書記拉致を謝罪 10月 北朝鮮から蓮池薫ら5人の拉致被害者が帰国 12月 小柴昌俊がノーベル物理学賞、田中耕一が同化学賞受賞	3月 米軍がイラクの首都バグダッドを攻撃（イラク戦争開始） 9月 民主、自由両党が合併協議書に調印、新「民主党」誕生 12月 東京・名古屋・大阪で地上デジタル放送開始

西暦	和暦		会社の沿革・事業の取り組み		時代背景
2004年	平成16年		クロエライセンス契約	2月 3月 5月	BSEで米国産牛肉輸入禁止、吉野家が牛丼の販売停止 国債発行額史上最高36兆円の２００４年度予算が成立 小泉首相が２度目の平壌訪問。拉致被害者家族計５人帰国
2005年	平成17年		西田清美が代表取締役会長へ、 西田寿夫が代表取締役社長就任 キッドブルー クロエ事業スタート	1月 2月 6月 11月	青色発光ダイオード訴訟、日亜化学工業が中村修二に 8億4千万円 京都議定書が発効 環境省が奨励する夏の軽装化（クールビズ）スタート 姉歯建築設計事務所がホテル等の耐震強度計算書を偽造
2006年	平成18年		株式会社キッドブルーを カドリール インターナショナルへ 社名変更	1月	東京三菱銀行とＵＦＪ銀行が合併、世界最大の銀行に 女児４人誘拐・殺人事件宮崎勤被告に最高裁も死刑判決
2007年	平成19年	6月	カネボウと合弁で 株式会社セモアを設立	3月 4月 6月 9月	大丸・松坂屋が経営統合を発表 ライブドアの粉飾決算事件で、堀江貴文に実刑判決 温家宝中国首相来日、安倍首相と会談。「戦略的互恵関係」促進 米大手証券ベアスターンズでサブプライムローン問題顕在化 安倍首相辞任表明。福田康夫第91代首相に就任
2008年	平成20年		合弁を解消し独資の株式会社セモアスタート キッドブルーブランド中国内販開始	1月 4月 9月 11月 12月	中国製の冷凍餃子から有毒成分メタミドホス検出 三越伊勢丹ホールディングス発足、国内最大のデパートに 米大手証券会社リーマン・ブラザーズが経営破綻 米大統領選、バラク・オバマが当選、初のアフリカ系 東証大納会、終値８８６０円で年初比42％減
2009年	平成21年			3月 4月 5月	日経平均終値、バブル後の安値を更新し７０５４円98銭に 米クライスラー経営破綻、ＧＭも破産法適用、 国有化で再建へ 裁判員制度がスタート

2010年	2011年	2012年	2013年	2014年	2015年	2016年
平成22年	平成23年	平成24年	平成25年	平成26年	平成27年	平成28年
	4月 株式会社ランジェリーク設立 5月 上海嘉娜麗時装貿易有限公司設立 11月 西田会長、秋の受勲にて藍綬褒章を受章					
1月 日本航空、会社更生法適用申請 9月 尖閣諸島で中国漁船が海上保安庁巡視船に衝突、船長逮捕 12月 東北新幹線、新青森まで全線開通	1月 中国2010年のGDPを発表。日本を抜き世界第2位へ 3月 東日本大震災、三陸沖震源M9・0地震・津波で甚大災害 福島第一原子力発電所事故 9月 野田佳彦内閣発足 12月 北朝鮮、金正日総書記の死去と三男金正恩の後継を発表	8月 韓国の大統領李明博が天皇に対して謝罪要求 9月 尖閣諸島を国有化、中国が反日暴動へ 12月 第2次安倍晋三内閣（自由民主党）が誕生 アベノミクス金融・財政・成長戦略の3本の矢経済政策	2月 朴槿恵が韓国の大統領となる 3月 習近平が中国の国家主席となる 12月 和食が無形文化遺産に登録される	3月 大阪市阿倍野区にあべのハルカスが開業する 5月 STAP細胞問題小保方晴子による研究不正 11月 日中首脳会談約3年ぶり、安倍首相と習近平主席による会談	11月 パリ同時多発テロ事件、イスラム国によるフランスでのテロ 12月 日韓慰安婦問題両政府は最終的かつ不可逆的に解決を確認	3月 北海道新幹線開業 4月 熊本地震

西田清美（にしだ・きよみ）
1932年愛知県生まれ。
疎開で滋賀県近江八幡へ移り、
八幡商業高校卒業。
和江商事（現・ワコール）に入社し、
日本のブラジャー誕生に立ち会う。
1968年カドリールニシダ創業、現会長。
ラ・ペルラ、シャルレなどの企画製造や
キッドブルー、ランジェリークなど
自社ブランドを手がける。
2011年に藍綬褒章を受章。

参考資料
『日本洋装下着の歴史』（文化出版局）
『夢の行方　塚本幸一とワコールの戦後』
（マガジンハウス）

ブラジャーで勲章をもらった男
2016年10月10日　第1刷発行
11月6日　第2刷発行

著　者　西田清美
発行者　茨木政彦
発行所　〒101-8050
東京都千代田区一ツ橋2-5-10
編集部　03-3230-6068
読者係　03-3230-6080
販売部　03-3230-6393（書店専用）
印刷所　大日本印刷株式会社
製本所　加藤製本株式会社

集英社ビジネス書ウェブサイト　http://business.shueisha.co.jp/
集英社ビジネス書公式 Twitter　http://twitter.com/s_bizbooks(@s_bizbooks)
集英社ビジネス書 Facebook　https://www.facebook.com/s.bizbooks

 ISBN 978-4-08-786069-6 C0095